Sonderabdruck aus

Jahrbuch der Hafenbautechnischen Gesellschaft
27./28. Band 1962/63

Springer-Verlag, Berlin / Heidelberg / New York
1965

Die neueren Hafenbauten in Bremen und Bremerhaven

Nicht im Handel

Additional material to this book can be downloaded from http://extras.springer.com

ISBN 978-3-662-37220-3 ISBN 978-3-662-37943-1 (eBook)
DOI 10.1007/978-3-662-37943-1

Die neueren Hafenbauten in Bremen und Bremerhaven

Die Entwicklung der bremischen Hafenanlagen 1952–1962

Von Hafenoberbaudirektor Dr.-Ing. Ralph Lutz

Vorbemerkung. Im 9. und 20./21. Jahrbuch der HTG wurde die Entwicklung der bremischen Häfen bis zum Jahre 1952 beschrieben.

Von der See nach Bremen-Stadt und zum Binnenland

Die Außenweser ist auf −10 m SKN ausgebaut. Bremerhaven kann von Schiffen mit einem Tiefgang bis zu 12 m erreicht werden. Über die Außenweser sind zur Zeit Pläne zur Vertiefung auf −11 m SKN in Vorbereitung. Mit der Ausführung ist in den nächsten Jahren zu rechnen; es wird dann ein Verkehr mit Schiffen von rd. 60 000 tdw nach Bremerhaven möglich sein; auch eine spätere weitere Vertiefung auf −12 m SKN bereitet keine Schwierigkeiten.

Der 8,7-m-Ausbau der Unterweser hat eine Sohllage von −8,0 m SKN. Er wurde Ende des Jahres 1958 beendet. Unter enger Anpassung an die Flutwelle erreichen jetzt Schiffe bis 9,60 m Tiefgang Bremen-Stadt. Unter günstigsten Voraussetzungen laufen auch Schiffe mit mehr als 10 m Tiefgang Bremen an. Maßnahmen zur Verbesserung des Fahrwassers der Unterweser wurden von der Wasser- und Schiffahrtsdirektion geplant mit dem Ziel, die Flußsohle um 0,5 m bis 1,0 m zu vertiefen, gleichzeitig eine Verbreiterung der Kurven vorzunehmen und die Sohle in den geraden Strecken von 100 m bzw. 120 m auf 150 m zu bringen.

Herr Dr. Walther, Präsident der Wasser- und Schiffahrtsdirektion Bremen von 1949 bis 1962, hat ermittelt, daß die tideabhängige Fahrt auf der Unterweser u. a. abhängig ist von der Zahl der Wendebecken und der Liegeplätze in den stadtbremischen Häfen. Die Kapazität des Stromes ist nicht erschöpft.

Die kanalisierte Mittelweser — der Ausbau wurde 1960 beendet — verbindet die Häfen der Unterweser mit dem Mittellandkanal. Ausgebaut ist die Mittelweser für das 1000-t-Schiff, der Ausbau für das 1350-t-Schiff wurde vorbereitet.

Der Küstenkanal, die Verbindung Weser/Ruhrrevier, kann nach dem Ausbau 1949/60 mit 1350-t-Schiffen bei 2,20 m Abladung befahren werden. Der Ausbau wird fortgesetzt, so daß in den nächsten Jahren auch Schiffe mit 2,50 m Abladung den Kanal durchfahren können.

Die Kapazität der Schiene wird vergrößert, wenn die begonnene Elektrifizierung der Nord-Süd-Strecke und der West-Strecke beendet ist. Das Straßennetz für den Nahverkehr ist ausgebaut, für den Fernverkehr steht die Fertigstellung der Autobahn nach Süden vor der Vollendung. Mit dem Bau der Hansa-Linie nach Westen wurde begonnen.

Der Verkehr in den bremischen Häfen

Stückgut-, Schüttgutumschlag, Fischanlandung und Schiffspassage (Tab. 1, 2 u. 3) sowie Schiffbau und -reparatur sind das Grundgeschäft des Hafens geblieben.

Tabelle 1. *Stückgut- und Massengutumschlag in den bremischen Häfen*

Lfd. Nr.	Jahr	Bremen		Bremerhaven		Bremische Häfen			
		Stückgut in 1000 t	Massengut in 1000 t	Stückgut in 1000 t	Massengut in 1000 t	Stückgut in 1000 t	%	Massengut in 1000 t	%
1	2	3	4	5	6	7	8	9	10
1	1954	4 151	4 686	692	288	4 843	49	4 974	51
2	1955	4 716	6 051	925	330	5 641	47	6 381	53
3	1956	5 247	7 140	965	398	6 212	45	7 538	55
4	1957	5 510	7 445	1 439	483	9 949	47	7 928	53
5	1958	5 515	6 214	1 159	437	6 674	50	6 651	50
6	1959	6 246	5 939	1 394	484	7 640	54	6 423	46
7	1960	6 935	6 461	1 280	462	8 215	54	6 923	46
8	1961	6 817	5 987	1 493	575	8 310	56	6 562	44
9	1962	7 191	6 699	1 417	646	8 608	54	7 345	46
10	1963	7 127	6 063	1 452	735	8 579	56	6 798	44

Tabelle 2. *Fischanlandung in Bremerhaven und Vegesack*

Lfd. Nr.	Jahr	Anlandung		Zahl der Fischfahrzeuge	
		Bremerhaven	Vegesack	Bremerhaven	Vegesack
1	2	3	4	5	6
1	1950	197 251	19 328	121	43
2	1951	246 317	24 789	111	45
3	1952	236 830	23 325	109	45
4	1953	250 861	23 565	101	43
5	1954	241 985	24 116	113	42
6	1955	273 833	17 997	111	40
7	1956	264 655	16 526	109	43
8	1957	245 335	19 616	104	43
9	1958	239 257	18 616	107	44
10	1959	253 247	18 760	108	44
11	1960	233 341	14 500	107	44
12	1961	197 244	13 460	95*	41
13	1962	186 511	10 100	89*	29

* einschließlich Hecktrawler

Tabelle 3. *Schiffspassage*

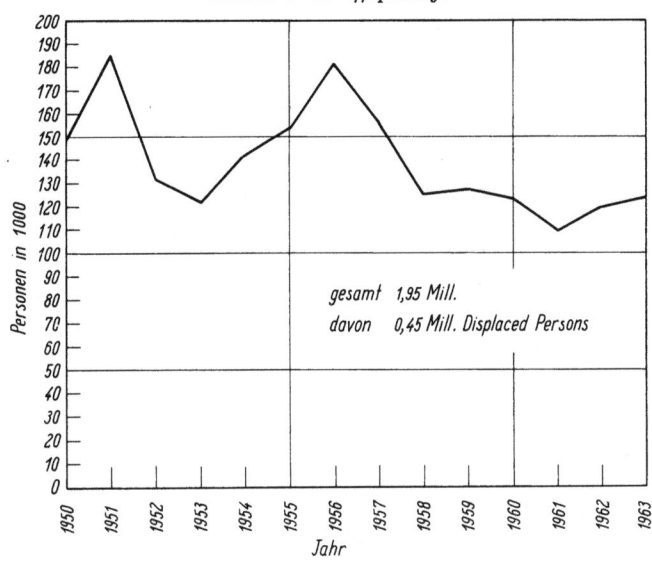

Geschäfte wurden ausgedehnt oder neu auf Bremen gezogen, z.B. die Errichtung einer Erzumschlagsanlage in Bremerhaven und die Ansiedlung der Klöckner-Hütte auf der „Grünen Wiese" am Mittelsbürener Hafen. Den Erfolg dieser Bemühungen werden die künftigen Statistiken zeigen. Der Betrieb über die Umschlagsanlagen ist noch nicht voll aufgenommen.

Der Umschlag in Bremen stieg i.M. um etwa 6% pro Jahr. 1100 t werden i.M. jährlich über den lfdm Kaje umgeschlagen (Tab. 4). Dieser Ausnutzungsgrad liegt wohl an der Spitze dessen, was im

Tabelle 4. *Schiffsankünfte und Umschlag im Freihafen Bremen (Stadt)*

Lfd. Nr.	Jahr	Zahl der Schiffe	Umschlag (t)	t/Schiff	Umschlag je lfdm Kaje und Jahr
1	2	3	4	5	6
1	1937	3 689	2 411 000	653	440
2	1949	1 974	1 956 000	990	
3	1951	2 928	2 775 000	950	
4	1953	4 474	3 891 000	870	
5	1954	4 629	3 840 000	830	1 050
6	1955	4 644	4 412 000	952	1 096
7	1956	5 197	5 077 000	978	1 140
8	1957	5 810	5 089 000	874	1 082
9	1958	6 422	4 885 000	760	1 038
10	1959	6 670	5 269 000	789	1 122
11	1960	6 911	5 845 000	844	1 130
12	1961	7 298	5 630 000	773	1 084

Umschlag möglich ist. Eine Steigerung der Umschlagskapazität ist in geringem Maße durch Rationalisierung, im wesentlichen aber nur noch durch den Bau neuer Hafenbecken möglich. Eine Zurückführung des Umschlags/Jahr auf ein wirtschaftlich und betrieblich vertretbares Maß von rd. 700 bis 800 t/lfdm Kai ist anzustreben.

In Bremerhaven ist eine Steigerung möglich, wenn die Columbuskaje weiter ausgebaut und diese Kailänge außerhalb der Schleusen Umschlagsplatz und gleichzeitig Warteplatz für solche Schiffe wird, die die Schüttgutumschlagsstellen hinter den Schleusen aufsuchen wollen.

Bauliche Entwicklung und weiterer Ausbau der Häfen in Bremen-Stadt

Der Vorzug der Häfen Bremen-Stadt ist der ihrer Lage tief im Binnenland. Soll diese Stellung erhalten bleiben, müssen auch neue Hafenreviere am südlichen Ende der Seeschiffswasserstraße liegen.

Häfen am mittleren Lauf der Unterweser, z.B. in Höhe von Farge, könnten nur für den Loko-Umschlag sowie Ansiedlung von Industrien am seetiefen Wasser in Frage kommen.

Senat und Bürgerschaft beschlossen 1960 in dieser Erkenntnis ein neues Hafenrevier für den Umschlag von Stückgut nahe Bremen-Neustadt in Höhe der bestehenden Häfen bauen zu lassen. Mit dem Bau dieser Hafengruppe wurde 1960 begonnen (Abb. 1). Es ist ein selbständiges Hafenrevier. Da dieses gegenüber den bestehenden Häfen liegt, ist die Einfahrt zu diesen so angelegt, daß eine gegenseitige Behinderung der Schiffe auf dem Strom nicht eintritt. Das Revier hat ein eigenes Wendebecken (siehe Übersichtsplan, Tafel III).

Abb. 1. Neues Hafenrevier Niedervieland I. Im Vordergrund Industrie- und Handelshafen. Aufnahme September 1963 (Freigegeben vom Luftamt Bremen).

Das erste Hafenbecken in diesem Revier, Becken II, wird 310 m breit und erhält in der Längsachse Seeschiffsdalben. Diese sind Reede für wartende Schiffe und Schiffsliegeplatz für Umschlag Seeschiff/Binnenschiff.

Eisenbahn und Straße liegen nur im Bereich der Hafenbecken in gleicher Ebene. Im Vorfeld der Häfen erfolgt eine Trennung der Verkehrswege in 2 Ebenen. 2 der 5 Hafenbecken sollen Freihafengebiet werden, die übrigen 3 Seezollhafen. Freihafen und Seezollhafen haben eigene Bahnhofs- und Straßenanlagen.

Die Planung dieses neuen Hafengebiets hat im Entwurf zahlreiche Möglichkeiten der Entwicklung des Grundrisses, so daß sie in den Jahren der Verwirklichung künftigen Veränderungen, gleich welcher Art, angepaßt werden kann. Nur das, was gebaut ist, liegt fest.

Ein ausgesprochener Industriehafen ist der Mittelsbürer Hafen (Abb. 2). Er wurde in den Jahren 1954 bis 1958 gebaut, umfaßt die Seeschiffsliegeplätze Osterort I bis VII und den Klöckner-Hafen. Osterort I und II sind Löschstellen für Tanker der Mobil Oil AG.

Additional material from *Die neueren Hafenbauten in Bremen und Bremerhaven*, ISBN 978-3-662-37220-3, is available at http://extras.springer.com

An den Liegeplätzen Osterort IV bis VII wird Umschlag Seeschiff/Binnenschiff betrieben werden; auch sind sie Reede für die Häfen.

Abb. 2. Mittelsbürer Hafen mit Klöckner-Werke und Mobil Oil. Aufnahme September 1963 (Freigegeben vom Luftamt Bremen).

Der Grundriß des Industrie- und Handelshafens wurde seit seiner Erbauung im Jahre 1910 weiter entwickelt (Abb. 3). Die Zahl der den Hafen anlaufenden Erz-, Holz-, Kali- und Kohle-

Abb. 3. Industrie- und Handelshafen; im Vordergrund Schleuse Oslebshausen. Rechts Einfahrt Hafen Niedervieland I. Aufnahme September 1963 (Freigegeben vom Luftamt Bremen).

frachter und die Zahl der Binnenschiffe ist gewachsen. Die Wasserfläche wurde vergrößert, Eisenbahnanlagen und Straßen errichtet.

Eine Ergänzung der Häfen wird der Hilfshafen auf dem Kap-Horn-Gelände, ein Becken zum Ablegen der Hafenhilfsschiffe im Schwerpunkt der gesamten Hafenanlagen. Während des Krieges wurde dort ein ehemaliges Trockendock zu einem U-Boot-Bunker umgebaut. Die damals eingebrachten und aufgestellten Bauelemente sollen jetzt wieder entfernt werden.

Der Wiederaufbau und die Modernisierung des Freihafengebiets und des Getreidehafens ist so gut wie beendet. Bauten und Förderanlagen werden auch künftig erneuert und ergänzt werden. Der Europahafen wurde eine selbständige Betriebseinheit, er erhielt ein eigenes Wendebecken am Strom vor der Einfahrt.

In wenigen Jahren werden die Häfen rechts der Weser Bestand sein, und nur noch links der Weser werden die neuen Umschlagsanlagen für Stück- und Schüttgut entstehen und wassergebundene Industrien angesiedelt werden. Bremen könnte dann eines Tages symmetrisch entwickelt zu beiden Seiten des Stromes liegen.

Die Häfen in Bremen

I. Ufereinfassungen

Baudirektor Dr.-Ing. D. Wiegmann, Bremen

1. Normale und extreme Tidewasserstände in den Hafenanlagen in Bremen

Mit Beginn des Ausbaues der Seewasserstraße Unterweser haben sich entsprechend den einzelnen Ausbaustufen die Tidewasserstände ständig geändert. Es wurden bis heute 5 Ausbaustufen durchgeführt:

1887—1895 Ausbau für Schiffe mit 5,00 m Tiefgang,
1913—1916 Ausbau für Schiffe mit 7,00 m Tiefgang (einkommend nach Bremen),
1921—1924 Erweiterter Ausbau für Schiffe mit 7,00 m Tiefgang (ausgehend von Bremen),
1925—1929 Ausbau für Schiffe mit 8,00 m Tiefgang,
1953—1958 Ausbau für Schiffe mit 8,70 m Tiefgang.

Die Veränderungen der Tidewasserstände seit Beginn des Ausbaues sind aus nachstehender Tab. 1 ersichtlich.

Tabelle 1

Jahre	Ausbau der Unterweser	MTnw NN	MThw NN	mittlerer Tidehub
1882/86	vor 5-m-Ausbau	+ 1,46 m	+ 2,03 m	0,57 m
1896/00	nach 5-m-Ausbau	+ 0,16 m	+ 1,85 m	1,69 m
1919/23	während 7-m-Ausbau	− 0,41 m	+ 1,90 m	2,31 m
1931/35	nach 8-m-Ausbau	− 1,11 m	+ 1,98 m	3,09 m
1951/60	während 8,7-m-Ausbau	− 1,22 m	+ 2,14 m	3,36 m

Die Werte wurden am Pegel der Schleuse Oslebshausen gemessen.
MTnw = Mitteltideniedrigwasser; MThw = Mitteltidehochwasser.

Das niedrigste Tideniedrigwasser (NNTnw) wurde am 15. 3. 64 mit −3,20 m NN und das höchste Tidehochwasser (HHThw) am 17. 2. 62 mit +5,35 m NN am Pegel Oslebshausen angezeigt.

Unter Berücksichtigung der neuen Hafenanlagen Niedervieland I, 1. Ausbau, mit rd. 90 ha Wasserfläche und der Absperrung der Wesernebenflüsse Lesum, Ochtum und Hunte durch sturmflutkehrende Sperrwerke ist nach den im Franzius-Institut der Technischen Hochschule Hannover durchgeführten Untersuchungen für die Hafenanlagen in Bremen ein rechnerisches HHThw von +6,20 m NN zugrunde zu legen. Bei der Planung und Berechnung der Uferanlagen sind außer den höchsten Tidehochwasserständen auch die niedrigsten Tideniedrigwasserstände zu berücksichtigen.

2. Uferbauwerke

2.1 Allgemeines

Bis in die zwanziger Jahre dieses Jahrhunderts wurden in Bremen im wesentlichen massive Uferwände auf hölzernen Pfahlrosten gebaut. Der technische Fortschritt in der Abwalzung schwerer Stahlspundwandprofile und die in Bremen vorliegenden günstigen Bodenverhältnisse gestatteten es später, Ufereinfassungen für große Geländesprünge von mehr als 17,0 m in wirtschaftlicher Weise als verankerte Stahlspundwände herzustellen.

Die Konstruktion ist überall fast gleich, nur bestehen in den Arten der verwendeten Spundwandprofile (Larssen, Hoesch, Krupp, Peine) Unterschiede. Mit Rücksicht auf die wasserseitige Bewegung während des Baues werden die Stahlspundbohlen der Hauptwand mit einer Neigung von 80:1 und aus wirtschaftlichen Gründen im unteren Teil in Staffelanordnung gerammt. Die Spundwandkajen sind durchweg als einfach verankerte Bohlwerke gerechnet, wobei die Hauptanker so angeordnet sind, daß ihr Einbau unter Berücksichtigung der Tideniedrigwasserstände noch gut möglich ist. Zur Vermeidung ungleicher und größerer Verformungen des Spundwandkopfes sind im oberen Bereich der Wand Hilfsanker eingebaut. Für die Verankerung der Spundwand werden Massiv- oder Stahlkabelanker verwendet, die an einzelnen Stahlbetonplatten oder durchgehenden Verankerungswänden befestigt sind.

Zur Verringerung des Grundwasserüberdruckes wird jedes Spundwandbauwerk in Höhe des unteren Ankers, der meistens etwa 1,25 m über MTnw angeordnet wird, mit einer Mischkiesfilterentwässerung ausgestattet, welche aus dem Kiesfilter, einem Sammler und aus Entwässerungsstutzen mit Rückstauklappen in Abständen von durchschnittlich 7 m bis 8 m besteht.

Die Kajen sind mit 1- oder 2 köpfigen Pollern für Trossenzüge bis 60 t ausgerüstet. Die Pollerabstände betragen zwischen 15 m und 18 m. Mittig zwischen den Pollern, jedoch in doppeltem Pollerabstand, werden in den wasserseitigen Spundwandtälern Steigeleitern angeordnet, und als weitere Ausrüstung sind Nischenpoller für 10 t Trossenzug jeweils in den Spundwandtälern neben den Steigeleitern und mittig zwischen diesen vorhanden.

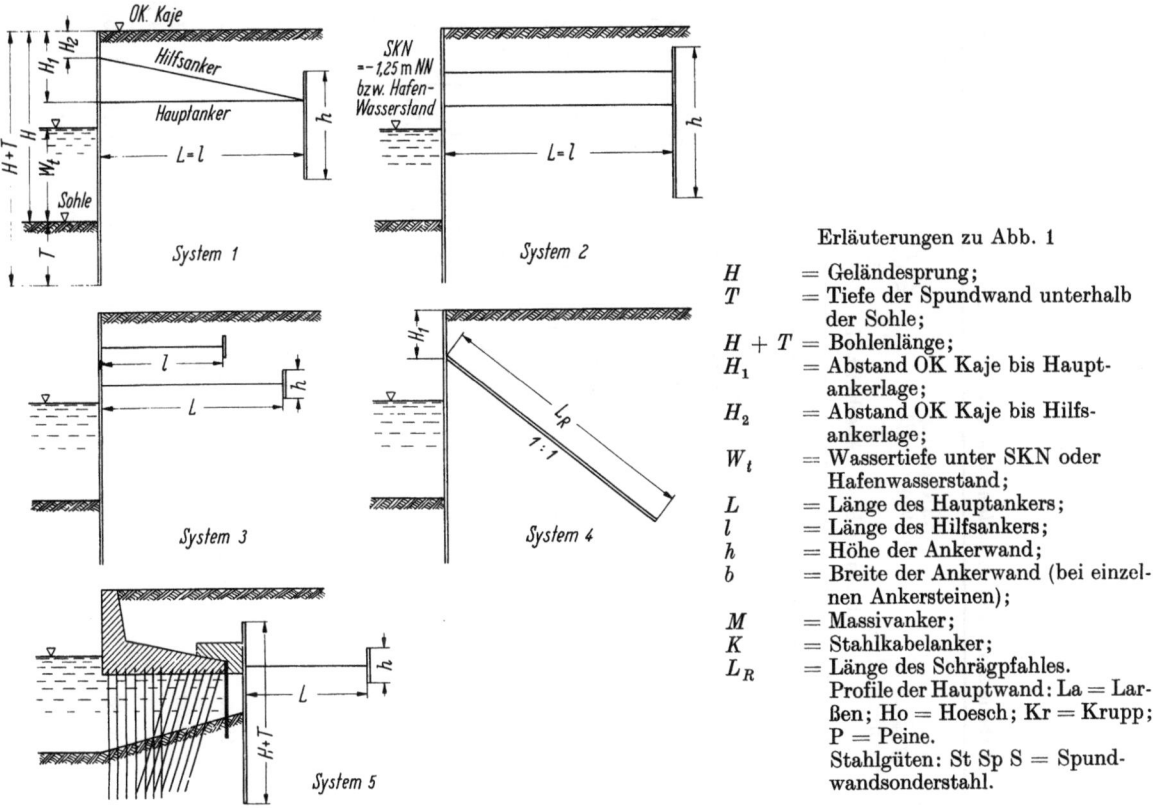

Abb. 1. Zusammenstellung der angewendeten Arten der Ufereinfassungen.

Erläuterungen zu Abb. 1

H = Geländesprung;
T = Tiefe der Spundwand unterhalb der Sohle;
$H + T$ = Bohlenlänge;
H_1 = Abstand OK Kaje bis Hauptankerlage;
H_2 = Abstand OK Kaje bis Hilfsankerlage;
W_t = Wassertiefe unter SKN oder Hafenwasserstand;
L = Länge des Hauptankers;
l = Länge des Hilfsankers;
h = Höhe der Ankerwand;
b = Breite der Ankerwand (bei einzelnen Ankersteinen);
M = Massivanker;
K = Stahlkabelanker;
L_R = Länge des Schrägpfahles.
Profile der Hauptwand: La = Larßen; Ho = Hoesch; Kr = Krupp; P = Peine.
Stahlgüten: St Sp S = Spundwandsonderstahl.

In den letzten 10 Jahren sind in den Häfen auf dem rechten Weserufer in Bremen zahlreiche Ufer- und Kajenstrecken erneuert worden. Im folgenden sollen die wichtigsten Abschnitte näher beschrieben werden.

Die wesentlichen Einzelheiten der neu gebauten Kajen, wie Konstruktionssysteme, Länge und Art der verwendeten Spundwandprofile usw., sind in der Tab. 2 und den zugehörigen Erläuterungen und Skizzen zusammengestellt.

2.2 Erneuerung der Nordkaje des Europahafens in den Jahren 1954 bis 1963

Die in den Jahren 1885 bis 1888 in einer Gesamtlänge von 2134,50 m erstellte Kaje als Massivmauer auf hölzernem Pfahlrost war für einen Geländesprung von 11,78 m gebaut worden, wobei die Sohlenlage auf −4,50 m NN und die Kajenoberkante auf +7,28 m NN angelegt wurde. Schon

Tabelle 2. Zusammenstellung von technischen Einzelheiten der neu gebauten Kajenspundwände

		Nordkaje Europa-hafen	Kaje Weser-bahnhof	Kajesprung Schuppen 13/15		Kaje vor Schuppen 15 A	Auto-Umschlags-anlage Hafen A	Kaje vor dem Kraftwerk Hafen	Kaje vor J. H. Bach-mann	Vegesacker Hafen			
				Abschnitt I	Abschnitt II					2. Abschnitt	3. Abschnitt	4. Abschnitt	5. Abschnitt
1	2	3	4	5	6	7	8	9	10	11	12	13	14
1	System	1	2	2	2	5	3	3	1	3	2	2	4
2	S (m)	1945	250	25	50	200	210	235	60	128	51	224	122
3	H (m)	17,28	13,23	16,18	18,28	17,18	14,50	8,40	12,60	9,80	9,80	11,20	9,70
4	T (m)	4,50 / 6,50	6,25 / 7,25	3,30 / 8,30	5,30 / 10,80	6,0	7,0	7,60 / 9,10	5,40 / 6,40	3,5 / 4,5	3,5 / 4,5	4,0 / 5,0	5,0 / 6,0
5	max ($H + T$) (m)	23,78	20,43	19,48 / 24,48	21,40 / 26,90	23,18	21,50	17,50	19,00	14,30	14,30	16,20	15,70
6	Profil der Hauptwand	La / Ho / Kr V	Kr IV	Kr KS II + P Sp 60 L	Kr KS II + 2 P Sp 50 L	Ho IV neu	Ho V	La III neu	La IV neu	La III neu	Ho III	Ho III	Ho III
7	Stahlgüte	St Sp S	St Sp S	St 37 + St Sp S	St 37 + St Sp S	St Sp 50	St Sp S	St Sp S	St Sp S	St. 37	St. 37	St. 37	St Sp S
8	Ankerart	K	M	M	M	K	M	M	M	M	M	M	—
9	Abstand d. Hauptanker (m)	1,44–1,70	1,60	1,26	1,66	12,00	1,70	2,40	1,60	1,60	1,60	1,60	1,60
10	H_1 (m)	7,28	6,48	5,48	6,58	5,00	4,80	3,50	4,70	3,80	3,80	5,20	1,50
11	H_2 (m)	2,28	1,98	1,98	2,28	—	1,00	—	1,40	0,80	0,80	1,70	—
12	W_t (m)	8,75	5,50	9,45	8,45	10,45	9,50	3,70	6,95	4,88	4,88	4,88	4,75
13	L (m)	26,00	19,00	40,00	25,00 / 28,90	25,00	24,00	22,00	24,00	15,50	9,00	10,50	—
14	l (m)	26,00	19,00	40,00	25,00 / 28,90	—	12,00	—	24,00	7,00 / 10,00	9,00	10,50	—
15	h (m)	5,00	8,00	5,50	17,50	3,50	1,80	1,60	4,00	1,30	11,10	11,50	—
16	b (m)	—	—	—	—	3,50	1,20	1,60	—	1,30	—	—	—
17	L_R (m)	—	—	—	—	—	—	—	—	—	—	—	19,00
18	OK Kaje (mNN)	+ 7,28	+ 6,48	+ 5,48	+ 6,58	+ 5,48	+ 6,80	+ 5,50	+ 4,40	+ 3,80	+ 3,80	+ 5,20	+ 3,70
19	Sohle (mNN)	− 10,00	− 6,75	− 10,70	− 11,70	− 11,70	− 7,70	− 2,90	− 8,20	− 6,00	− 6,00	− 6,00	− 6,00

nach 20jähriger Nutzung des Hafens mußte die Sohle vor der Kaje im Jahre 1908, als die Wassertiefe bei Tideniedrigwasser für zu vertäuende Seeschiffe nicht mehr ausreichte, um 1,20 m auf −5,70 m NN vertieft werden. Die Wassertiefe bei Mitteltideniedrigwasser (im Jahre 1908 −0,20 m NN) vor der Kaje war somit von 4,30 m auf 5,50 m vergrößert worden.

Während des zweiten Weltkrieges wurden auf der Kajefläche sämtliche Hochbauten, Gleis- und Krananlagen zerstört und auch stellenweise das Kajebauwerk durch Kriegseinwirkung beschädigt.

Nach den im Jahre 1953 durchgeführten Untersuchungen zum Zwecke des Wiederaufbaues der Nordkaje des Europahafens war es notwendig, eine Wassertiefe vor der Kaje herzustellen, die für das Regelfrachtschiff des Weltverkehrs ausreichend ist. Sie wurde mit einer Sohlenlage von −10,00 m NN ermittelt.

Für die Nautiker ist der Bezugswert „Seekartennull" (SKN), in Bremen −1,25 m NN, von Bedeutung. Dieser entspricht etwa dem Mitteltideniedrigwasserstand (MTnw), in Bremen −1.22 m NN.

Die gewählte Sohlenlage von −10,0 m NN gleich −8,75 m SKN bedeutet, daß Seeschiffe mit einem Tiefgang von 8,40 m = 27,5 Fuß unter Berücksichtigung eines Sicherheitsabstandes von 0,35 m zwischen Schiffsboden und Hafensohle an der Kaje liegen können.

Die Oberkante der ehemaligen Kaje von +7,28 m NN wurde für das Bauwerk beibehalten. Die Vorderkante der neuen Ufereinfassung mußte im Mittel 5,65 m wasserseitig der alten Kaje angelegt werden, um die erforderlichen Flächen für den 1,75 m breiten Leinpfad, die wasserseitige Kranbahn, die 3 Kajengleise und die rd. 5,0 m breite wasserseitige Schuppenrampe zu erhalten.

Von 1954 bis 1963 wurden insgesamt 1945 lfdm Stahlspundwandkaje neu erstellt. Am Hafenkopf wurde der alte Kajequerschnitt auf einer Länge von 190 lfdm nicht erneuert, da beabsichtigt ist, in den späteren Jahren den Europahafen um diese Strecke zu verkürzen, um die vorliegende Planung zur Verbesserung der landseitigen Verkehrsanlagen (Eisenbahn, Straßen) durchführen zu können.

2.3 Erneuerung der Kaje des Weserbahnhofs in den Jahren 1959/60 auf einer Strecke von rd. 250 m

Durch den Abwurf zahlreicher Sprengbomben während des zweiten Weltkrieges auf die 500 m lange Ufereinfassung des Weserbahnhofs wurden rd. 250 m Kaje am stromauf gelegenen Ende vollkommen zerstört und die anderen 250 m im stromunteren Bereich stark beschädigt. Die Wiederherstellung des stromab gelegenen Kajeabschnittes konnte bereits in den Jahren 1947 und 1948 durchgeführt werden.

Für die Erneuerung des zweiten Kajeabschnittes war es notwendig, die alten Bauwerksreste aus dem Bereich der neu zu erstellenden Kaje zu beseitigen. Die alte Stahlspundwand wurde unter Wasser an den Stellen, wo sie in Flußsohlenhöhe weserseitig umgeklappt war, abgebrannt. Im Bereich der übrigen Abschnitte, wo die Knickung in Sohlenhöhe geringer war, wurde die alte Stahlspundwand vom Erddruck so weit entlastet, daß sie in Höhe des Niedrigwasserstandes abgebrannt werden konnte.

Während die frühere Spundwand in einem flachen Kreisbogen gerammt worden war, besteht die neue Ufereinfassung aus 3 geraden Strecken mit dazwischenliegenden Knickpunkten. Kajenoberkante und Sohlenlage wurden beibehalten.

2.4 Umbau des Kajesprungs an der Nordseite des Überseehafens zwischen Schuppen 13 und 15 in den Jahren 1961/62

Der in den Jahren 1924 bis 1928 im Rahmen des 3. Ausbaues des Überseehafens mit hergestellte Kajesprung von 28,90 m war im Kriege beschädigt worden und zeigte in seiner Konstruktion so erhebliche Mängel, daß eine umfassende Reparatur erforderlich wurde. Ferner waren betriebliche Belange hinsichtlich der Löschung der Seeschiffe im Bereich der Schuppen-Abt. 15A zu berücksichtigen, die eine Verlegung des Kajesprungs um 25 m stadtseitig bedingten.

Im Bereich der Kajeerneuerung wurden sämtliche Konstruktionsteile der vorhandenen Ufereinfassung beseitigt. Lediglich die hölzernen Rammpfähle des Pfahlrostes, die hinter der neuen Hauptspundwand stehen, konnten im Erdreich verbleiben.

In Abb. 2 ist der Grundriß des erneuerten Kajesprungs dargestellt. Von Bedeutung ist, daß die Hauptwand aus einer kombinierten Spundwand aus Kastenspundbohlen P Sp 50 L bzw. P Sp 60 L und dazwischen angeordneten Doppelbohlen Krupp KS II besteht.

2.5 Verstärkung der Kaje vor Schuppen 15, Abteilung A, im Überseehafen, Baujahr 1954

Das in den Jahren 1924/28 erstellte Kajebauwerk an der Nordseite des Überseehafens besteht aus einer Stahlbetonwinkelstützmauer auf hölzernem Pfahlrost aus 7 senkrechten Pfahlreihen im vorderen Teil und 7 schrägen Pfahlreihen im hinteren Teil. Den rückwärtigen Abschluß der Winkelstützmauer bildet eine hölzerne Spundwand, die durch Bombeneinwirkung an einer Stelle auf 20 m und an anderer auf 50 m Länge gebrochen war, so daß zur Sicherung des Kajebetriebs, da ständig Versackungen eintraten, eine Reparatur notwendig wurde. Um auch Schiffe größeren Tiefgangs ablegen zu können, sollte gleichzeitig vor der Kaje die Hafensohle um 1 m vertieft werden.

Landseitig hinter der vorhandenen Stützmauer wurde eine neue Stahlspundwand Profil Hoesch IV neu gerammt. Auf die rückwärtige Rostplatte der vorhandenen Konstruktion wurde ein durchgehender Stahlbetonbalken vom Querschnitt 0,77 × 3,00 m als Ankerbalken aufbetoniert, in welchen je 4 Ankerseile als eine Einheit in Form von Kabelbesen einbinden. 25 m landseitig der neuen Stahlspundwand wurden Stahlbetonankersteine von 3,50/3,50 m Größe und hinter denselben Stahlbetonspannklötze angeordnet, in welchen die rückwärtigen Enden der Seilanker befestigt sind. Durch hydr. Pressen wurden die Seile i.M. bis 450 t vorgespannt.

2.6 Autoumschlagsanlage an der Südseite des Hafens A im Industrie- und Handelshafen

Für den Autoumschlag wurde im Jahre 1960 eine rd. 210 m lange Stahlspundwandufereinfassung für einen Geländesprung von 14,50 m gebaut.

Der mittlere Hafenwasserstand im abgeschleusten Hafen beträgt +1,80 m NN, die

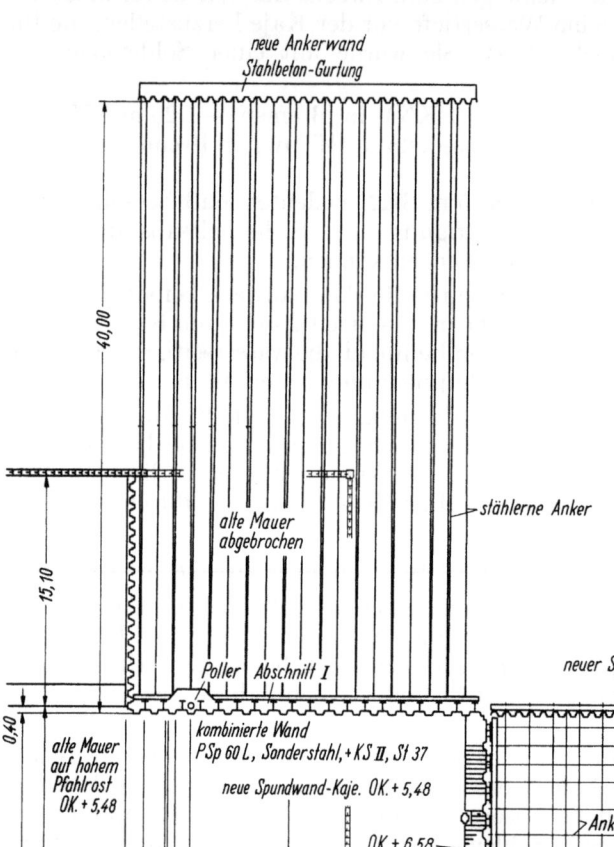
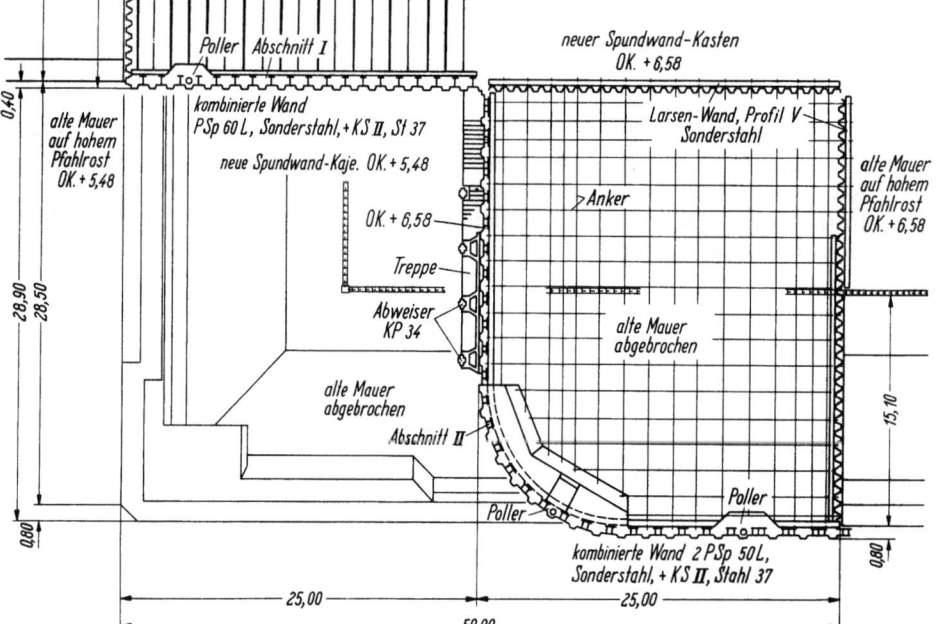

Abb. 2. Kajesprung zwischen Schuppen 13 und 15 an der Nordseite des Überseehafens.

vorhandene Sohlenlage ist −7,70 m NN, so daß eine Wassertiefe von 9,50 m durchweg vor der Kaje vorhanden ist. Der Umschlag der Pkw auf die Schiffe erfolgt mittels Schiffsgeschirres.

2.7 Seeschiffsliegestellen 2 und 3 stromab der Autoumschlagsanlage an der Südseite des Hafens A im Industrie- und Handelshafen, Baujahr 1961/62

Die beiden Seeschiffsliegestellen bestehen aus je 2 Stahldalben, 5 Landfesten und einem Zugangssteg. Die einzelnen Stahldalben wurden in Querrichtung für ein Arbeitsvermögen von 30 tm und in Längsrichtung für ein Arbeitsvermögen von 10 tm und am Kopf für einen Trossenzug von 40 t bemessen, während die Landfesten für eine max. Trossenzugkraft von 60 t ausgewiesen sind.

2.8 Stahlspundwandkaje im Industrie- und Handelshafen vor dem Kraftwerk der Stadtwerke Bremen AG., Baujahr 1955

Für das Löschen der mit Kohlen beladenen Schiffe wurde für das Kraftwerk eine rd. 235 lfdm lange Kaje erstellt. An dieser Kaje legen Binnenschiffe an. Für das Ablegen von Seeschiffen wurden im Abstand von 14 m wasserseitig des Stahlspundwandbauwerks 5 Seeschiffsdalben gerammt. Der Abstand der Dalben untereinander beträgt 50 m. Die Stahldalben sind bemessen für ein Arbeitsvermögen von 20 tm in der Ord. +2,0 m NN. Die Poller auf den Köpfen der Dalben sind für eine max. Zugkraft von 35 t ausgewiesen. Durch die Anordnung der Dalben ist auch ein Umschlag Seeschiff/Binnenschiff möglich.

2.9 Mittelsbürener Hafen mit den Seeschiffsliegestellen Osterort I, IV und V [29]

Osterort I — Baujahr 1957. Die Seeschiffsliegestelle dient der Mobil Oil AG. in Deutschland als Tankerlöschanlage. Im einzelnen besteht die Seeschiffsliegestelle aus der Tankerlöschbrücke, 4 stählernen Seeschiffsdalben und 6 Landfesten für 100-t-Trossenzug.

Osterort IV und V — Baujahr 1956/57. Die Seeschiffsliegestellen Osterort IV und V bestehen aus je 5 stählernen 2-wandigen Seeschiffsdalben, die in einer Entfernung von 50 m gerammt wurden. Die Liegestelle Osterort IV ist so ausgebaut, daß sie auch als Tankerlöschstelle für die Klöckner-Werke Bremen dient. Von Land aus sind die ersten 4 Dalben durch eine Brücke miteinander verbunden (Abb. 3).

2.10 Stahlspundwandkaje an der Nordseite des Holz- und Fabrikenhafens vor dem Grundstück der Firma J. H. Bachmann, Baujahr 1960

Zur Erweiterung der im Firmenbesitz befindlichen landseitigen Umschlagsanlagen mußte das vorhandene Kajebauwerk um rd. 60 lfdm verlängert werden. Bei dem Kajeneubau mußten sowohl die Vertiefung der vorhandenen Hafensohle von −7,70 m NN um 0,5 m auf −8,20 m NN sowie die neu zu erstellenden Hochbauten für den Umschlagsbetrieb berücksichtigt werden.

2.11 Erneuerung der Kajen im Vegesacker Hafen und an der Lesum

Mit der Erneuerung der Kajen wurde im Jahre 1952 begonnen. Zuerst wurde die Ufereinfassung an der Südseite der Einfahrt zum Vegesacker Hafen auf einer Strecke von rd. 80 lfdm erneuert. Über diesen Bauabschnitt wurde im Jahrbuch der Hafenbautechnischen Gesellschaft, 20./21. Bd., Seite 156, berichtet.

Der 2. Bauabschnitt für die Erneuerung der Ufereinfassung an der Lesum (rd. 128 lfdm) wurde im Jahre 1953 durchgeführt. Die vorhandene Flußsohle von −3,40 m NN mußte auf −6,00 m NN vertieft werden. Die Geländeoberkante von +3,80 m NN

Abb. 3. Seeschiffsliegestellen Osterort IV und V.

konnte beibehalten werden. Das neue Spundwandbauwerk wurde, um eine größere Nutzfläche für den vorhandenen Werftbetrieb zu erhalten, im Abstand von 6,20 m vor der vorhandenen alten Massivuferwand gerammt.

Der 3. Bauabschnitt von 51,20 m Länge wurde im Jahre 1955 erstellt. Vor der vorhandenen alten Ufereinfassung wurde eine Stahlspundwand Profil Hoesch III gerammt. Die frühere Sohlenlage von −2,50 m NN konnte nach Erstellung der neuen Kaje auch hier auf −6,00 m NN vertieft werden. Die Geländehöhe hinter der Wand wurde mit +3,80 m NN beibehalten.

Der 4. Bauabschnitt in einer Länge von 224 lfdm, ebenso wie der 1. und 3. Bauabschnitt auf der Südseite des Vegesacker Hafens gelegen, wurde 1957/58 erstellt. Die vorhandene alte Ufereinfassung mußte so weit abgebrochen werden, daß der Einbau der Verankerungen für die neue Stahlspundwandkaje möglich war.

Auch hier wurde die vorhandene Hafensohle von −2,50 m NN auf −6,00 m NN vertieft, während die Geländeoberkante von +5,20 m NN erhalten blieb.

Mit dem 5. Bauabschnitt wurde an der Nordseite des Vegesacker Hafens im Jahre 1959 auf einer Strecke von 122,20 m an der Einfahrt begonnen. Mit Rücksicht auf die vorhandenen Baulichkeiten hinter der alten Ufereinfassung wurde die neue Kajehauptwand an Verankerungspfählen in der Neigung 1:1 befestigt.

Die ehemalige Hafensohle von −2,70 m NN mußte auch hier auf −6,00 m NN vertieft werden. Die vorhandene Geländehöhe hinter der alten Ufereinfassung von +3,70 m NN wurde beibehalten.

Auf der Nordseite des Vegesacker Hafens sind als 6. Bauabschnitt noch rd. 222 lfdm Ufereinfassung zu erneuern. Nach deren Fertigstellung wird der gesamte Hafen von Stahlspundwandkajen eingefaßt sein und kann dann ganz auf −6,00 m NN ausgebaggert werden, so daß eine weitergehende Nutzung als früher, d. h. vor allem für Seeschiffe der Europafahrt, möglich sein wird.

II. Eisenbahnanlagen

Von Oberbaurat Fritz Teßmer, Bremen

Durch die Neuaufmessung des gesamten Hafengebietes, z. T. im Luftbildaufnahmeverfahren, haben das Vermessungsdezernat der BD Hannover und die Katasterverwaltung Bremen das Kartenwerk der Hafenbahn auf den neuesten Stand gebracht. In Tab. 1, S. 159 wird der Umfang der bremischen Hafenbahn mit ihren Weichen und angeschlossenen privaten Gleisanschlüssen angegeben.

Durch betriebliche Neuerungen wurde der Stand der Leistungsfähigkeit der Hafenbahn trotz steigender Umschlagszahlen in den letzten 10 Jahren gehalten. Die Bundesbahn, die auf Kosten Bremens nach dem Hafenbahnvertrag vom 30. 6. 1930 den Betrieb führt, übernimmt im Rahmen des Überseeabkommens einen großen Teil der Betriebskosten. Es ist somit verständlich, daß alle Baumaßnahmen für den Hafeneisenbahnbetrieb in engster Zusammenarbeit mit den Fachdezernaten der BD Hannover und nach den Richtlinien sowie Grundsätzen der Bundesbahn ausgeführt werden.

1. Bahnhofs- und Signalbeleuchtung

Die Bahnhöfe wurden verkabelt und nach neuesten Gesichtspunkten ausgeleuchtet. Bedingt durch die Normalgleisabstände von 4,50 m, wurden die z.T. im Profil stehenden Holz- und Gittermasten durch die Schmalmasten von 100 mm Breite verdrängt. Um bei den stark angehäuften Lichtpunkten bei Betriebsruhe Strom zu sparen, wurden die Stromkreise den Rangierbezirken angepaßt und von den Betriebsstellen schaltbar eingerichtet. In den Bahnanlagen und an den Bahnübergängen werden, um nicht die Eisenbahn-Signalwiedergabe zu stören, Quecksilberdampfleuchten verwendet. Im Gleisbildstellwerk „Ff" wurde erstmalig eine Raumleuchte zum stufenweisen Abdunkeln, abstimmbar auf den außen herrschenden Helligkeitsgrad, verwendet. Die Signal- wie auch die Weichenbeleuchtung ist mit Ausnahme von einigen Handweichen-Wärterbezirken auf elektrisch umgestellt worden.

2. Betriebsmaschinendienst

Die bisherige Dampflokomotive wird in Kürze bis auf Betriebsspitzen im Rangierbetrieb durch die Diesellok V 60 abgelöst sein. Für die Rampenfahrten zwischen dem Unterbahnhof und dem Oberbahnhof des Bahnhofs Bremen-Inlandshafen ist bei der dortigen starken Steigung von etwa 1:100 und zum Bewegen ganzer Züge eine V 100 erforderlich. Bedingt durch die Besetzung der Diesellok mit nur einem Mann, verringern sich die Lokstundensätze gegenüber der Dampflokomotive T 16 bei der Diesellok V 60. Ein weiterer Schritt zum Vermindern von Betriebskosten ist die Elektrifizierung der Ein- und Ausfahrgleise der Hafenbahnhöfe. Im Bahnhof Bremen-Zoll sind die Gleise 1–12 und ein Umfahrungsgleis überspannt. Im Bf Bremen-Inland werden die Gleise 1–6 u. 48–52 für die elektrische Zugförderung hergerichtet. Die Inbetriebnahme dieser Gleise für elektrische Zugförderung soll Ende 1964/Anfang 1965 erfolgen. Von den 3 elektrischen Lokomotiven für den Zustelldienst bei der Getreideanlage ist eine Lok zusätzlich mit einer Batterie so ausgerüstet, daß sie auch dort eingesetzt werden kann, wo sich keine Fahrdrahtleitung befindet. Für beide Bahnhöfe sind 1963/64 feste Dieseltankanlagen mit 50 t bzw. 150 t Fassungsvermögen gebaut worden.

3. Signalanlagen

In den letzten 10 Jahren konnten auf dem Weserbahnhof 2 und auf Bf Bremen-Inland 1 elektrisches Stellwerk der Bauart E 43 (Gleichstromstellwerke) erstellt werden. Im April 1958 wurde auf Bf Bremen-Zoll das Gleisbildstellwerk = Drucktastenrelaisstellwerk „Ff" in Betrieb genommen. Mit 123 festgelegten Rangierfahrstraßen ist eine erhebliche Beschleunigung im Rangierbetrieb herbeigeführt. Dieses Stellwerk ist in seinen Abmessungen so gehalten, daß auch die späteren, beim

Umbau der Einführungsanlagen erforderlichen Signalanlagen hier untergebracht werden können. Im Zuge der Stellwerksumbauten sind anstelle der Formsignale Lichttagessignale getreten. Abgängige, mechanische Schranken wurden durch elektrische ersetzt. Zur Einsparung von Kräften

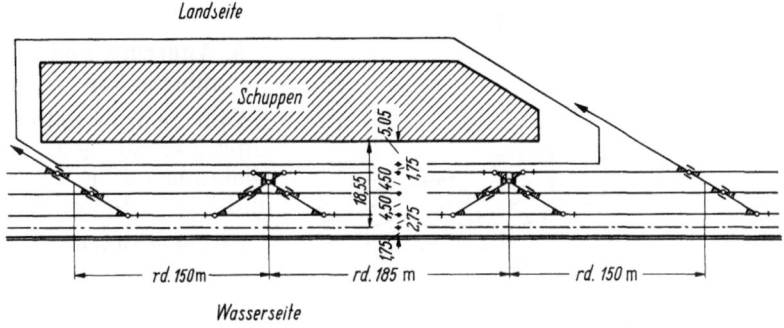

Abb. 1. Regelanordnung von Weichenverbindungen vor neugebauten Schuppen im Hafen Bremen.

Abb. 2. Bezirksbahnhof Schuppen 18.

und zur Erhöhung der Sicherheit sowohl im Straßenverkehr als auch im Eisenbahnbetrieb wurden an 3 Stellen Blinklichtanlagen gebaut.

4. Fernmeldeanlagen

Anstelle des Morse-Apparates ist jetzt auch bei der brem. Hafenbahn der Sprachspeicher getreten. Die Uhrenanlagen sind durch Minuten-Springer-Relais ergänzt. Der Bf Bremen-Zoll hat in der Ein- und Ausfahrgruppe eine Außenbahnhofsuhr von 1,80 m Durchmesser erhalten. 2 Vermittlungs-Klappenschränke mit je 100 Klappen sind durch getrennte Selbstwählanlagen, die ausbaufähig sind, abgelöst. Für die Fahrdienstleiter und Weichenwärter auf den Stellwerken trat in einigen Bezirken an die Stelle des Megaphons der Rangierfunk oder die

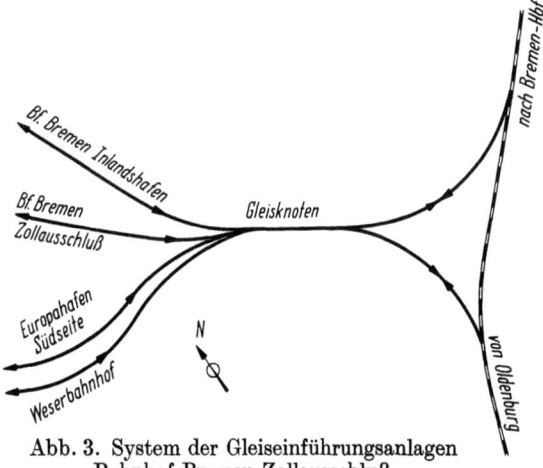

Abb. 3. System der Gleiseinführungsanlagen Bahnhof Bremen-Zollausschluß.

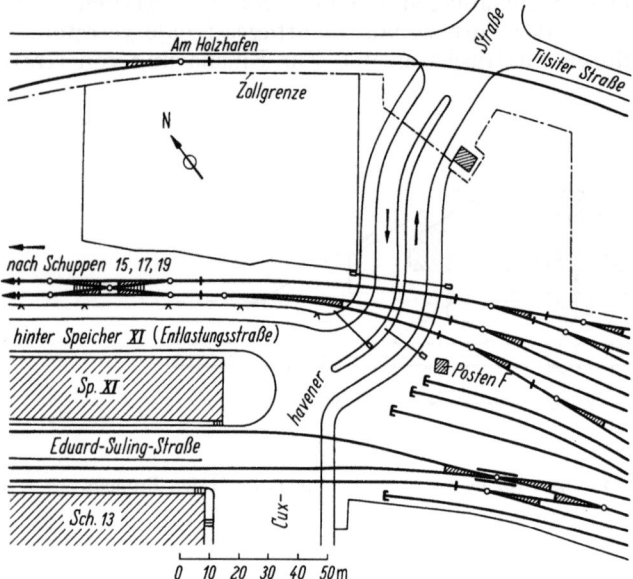

Abb. 4. Bezirksbahnhof Hafen II Nord.

Wechsellautsprecheranlage. Im Bf Bremen-Zoll halten der Bahnhofsvorsteher und die Rangierleiter mit den Rangierlokomotiven über die tragbaren Funkgeräte Teleport IV Verbindung.

5. Änderung und Umbau von Gleisanlagen bzw. Bahnhofsgruppen

Den neu erstellten Schuppen und Umschlagsanlagen wurden auch die Gleisanlagen in ihrer örtlichen Lage und ihren Abmessungen angepaßt.

a) Lokschuppen Bf Bremen-Zoll. Der neu erbaute Ringlokschuppen und die dazugehörige Drehscheibe sind so gelegt, daß die Lokomotiven auf kürzestem Wege zum Schwerpunkt des Bahnhofs gelangen können. Durch die Verlegung der vorgenannten Anlagen konnten die Richtungsgleise erheblich verlängert werden.

b) Gleise für Schuppen 6. Beim Umbau der wasserseitigen Gleise wurde die Weichenanordnung entwickelt, die in Abb. 1 dargestellt ist. Sie ermöglicht eine Vielzahl von Fahrwegen mit geringer Entwicklungslänge. Für die „Bestimmte Reserve" des Schuppens 6 erfolgte dann auch der Bau des zugehörigen Bezirksbahnhofes.

c) Bezirksbahnhof Schuppen 18. Um dem regen Umschlag im Bereich des geplanten Schuppens 18 gerecht zu werden, wurde — wie Abb. 2 zeigt — der Bezirksbahnhof für Schuppen 18 schon jetzt zwischen dem Ablaufberg und der noch zu verbreiternden Bückingstraße als weiterer Teil des Wiederaufbaues der Südkaje des Überseehafens erstellt.

d) Gleiseinführungsanlage Bf Bremen-Zoll. Der Gesamtplan des Hafens zeigt, daß die beiden Verkehrsträger Schiene und Straße in diesem Bereich voneinander getrennt werden. Soweit es die Neigungsverhältnisse bis zu den Umschlagsanlagen und Bahnhöfen zulassen, befinden sich die Gleisanlagen auf Dämmen.

Abb. 5. Bahnhofsgruppe Finkenau.

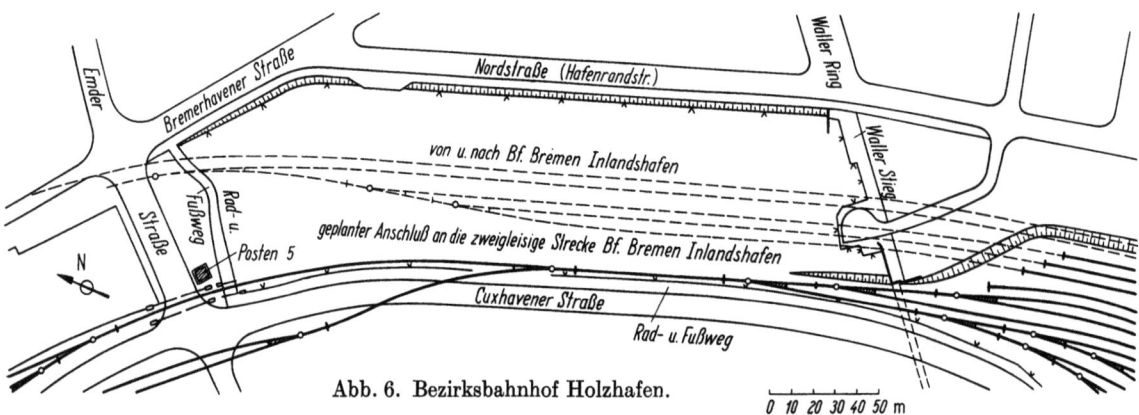

Abb. 6. Bezirksbahnhof Holzhafen.

Tabelle 1. *Vergleich der Gleisdichte in den bremischen Hafenbahnanlagen* (Stand 1962)

Lfd. Nr.	Anlage	Länge d. brem. Gleise	Länge der Privat-gleisan-schlüsse auf brem. Grund	Gesamt-gleislänge des von Bremen zu unter-haltenen Gleises	Anzahl der brem. Weichen-einheiten	Anzahl der privaten Weichen-einheiten auf brem. Grund	Gesamte Weichen-einheiten	Weichen pro km Gleis	Länge der einge-pflaster-ten Gleise an der Kaje	Kaje-strecken	Anzahl der An-schlüsse an die DB	Anzahl der An-schließer an die brem. Gleis-anlagen	Anzahl der mit eigenen Betriebs-mitteln betriebe-nen Anschluß-bahnen
		km	km	km	Stck.	Stck.	Stck.	Stck.	km	km	Stck.	Stck.	Stck.
1	2	3	4	5	6	7	8	9	10	11	12	13	14
1	Bhf.-Bremen-Inlandhafen	110,219	8,565	118,784	404	66	470	0,4	0,551	—	1	40	10
2	Bhf.-Bremen Zollausschluß / Bhf.-Bremen Weserbahnhof / Bhf.-Bremen Hohentorshafen	122,66	5,272	127,932	860	18	878	0,69	18,070	7,5	3	21	—
3	Rich.-Dunkel-Str., einschl. Indu-striestr., Dortmunder Str. Flughafendamm	4,495	2,534	7,029	16	20	36	5,12	—	—	1	36	—
4	Hemelingen	1,667	1,525	3,192	10	19	29	19,2	0,370	0,41	1	12	1
5	Summe	239,041	17,896	256,937	1 290	123	1 413	—	18,991	7,91	6	109	11

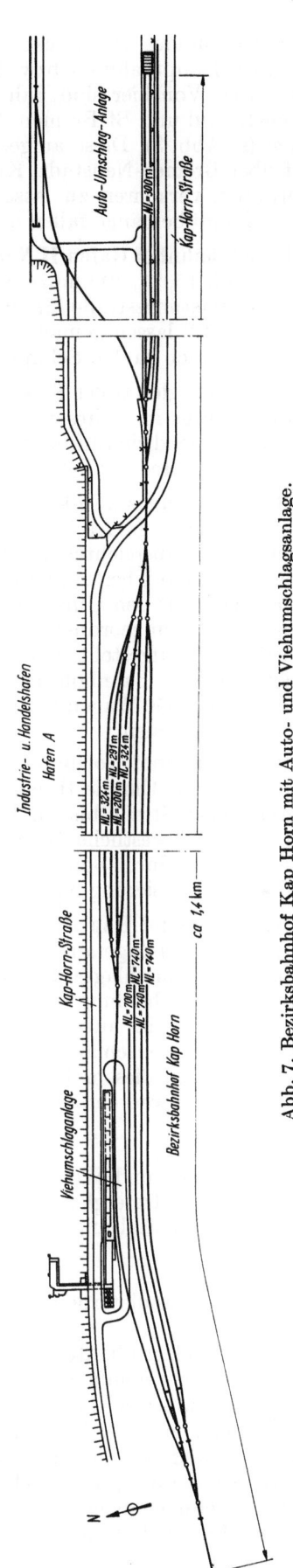

Abb. 7. Bezirksbahnhof Kap Horn mit Auto- und Viehumschlagsanlage.

Von der Bundesbahnstrecke Oldenburg-Bremen abzweigend führen die Gleise aus Richtung Bf Bremen-Hauptbahnhof bzw. Bf Bremen-Rangierbahnhof und Bf Bremen-Neustadt zu einem Gleisknoten. Von hier sind Fahrten der zweigleisigen Strecke (entlang der Nordstraße) zum Bf Bremen-Inland und Bf Bremen-Zoll, zur Südseite des Europahafens und zum Weserbahnhof vorgesehen (s. Abb. 3). Diese aufgezeigten Fahrwege lassen es später zu, Züge von und zum Ruhrgebiet über Bremen-Neustadt, Kirchweyhe oder Wildeshausen-Bramsche, ohne den Bf Bremen-R zu berühren, verkehren zu lassen. 7 unübersichtliche und zu Straßenverkehrsstauungen Anlaß gebende Bahnübergänge fallen dadurch fort.

e) Bezirksbahnhof Hafen II Nord. In diesem Bezirksbahnhof werden die Eisenbahnwagen zu den Schuppen 13, 15, 17, 19 und zum Kühlhaus bereitgestellt. Das neu erbaute zweite Zuführungsgleis und die Entlastungsstraße hinter Speicher XI sowie die neu erbaute elektrische Schrankenanlage am Posten „F" lassen gemäß Abb. 4 einen flüssigeren Straßenverkehr und einen beschleunigten Eisenbahnbetrieb zu den Schuppen 15, 17, 19 und zum Kühlhaus zu.

f) Zuführungsgleis zu den Klöckner Werken AG., Hütte Bremen. Im Zusammenhang mit der Ansiedlung des Werkes im Jahre 1956 wurde aus dem Verbindungsgleis von Bremen-R nach Bremen-Inland abzweigend ein Zuführungsgleis auf einem Damm liegend, in welchem sich die Brücken über die „Grambker Heerstraße" und die Straße „Auf den Delben" befinden, erstellt.

g) Bahnhofsgruppe „Finkenau". Der strenge Winter 1956/57 brachte dem Hafen Bremen über die Schiene ein so großes Verkehrsaufkommen, daß die eigenen Gleisanlagen nicht mehr zur Bewältigung allein ausreichten und Vorbahnhöfe der Bundesbahn mit in Anspruch genommen werden mußten. Um eine Überfüllung des Bf Bremen-Zoll mit den sich daraus ergebenden nachteiligen Auswirkungen für den Umschlagsbetrieb für die Folge zu verhüten, wurde von der Bundesbahn eine nach 4 Stufen geordnete „Anordnung über die Regelung des Frachtenzulaufs nach Bremen-Zollausschluß" aufgestellt und Bremen entschloß sich, im Bf Inland für den Bf Zoll eine Entlastungsgruppe, die Bahnhofsgruppe „Finkenau", zu bauen. Diese in Abb. 5 dargestellte Gruppe kann z. Z. etwa 350 Wagen aufnehmen, eine Erweiterung der Aufnahmefähigkeit auf 450 bis 500 Wagen ist vorgesehen.

h) Bezirksbahnhof Holzhafen. Beide Seiten des Holz- und Fabrikenhafens werden von diesem Bahnhof bedient. Um die Hafenausfahrt für Straßenfahrzeuge nach Westen zu verbessern, wurde die Cuxhavener Straße bis zur Hafeneinfahrt (fr. Feuerwehrstraße) verlängert. Zu diesem Zweck mußte auch der westliche Bahnhofskopf dieses Bezirksbahnhofs verändert werden. Gleislängenverluste wurden durch den Bau neuer Aufstellgleise entlang der Nordstraße ausgeglichen. Abb. 6 gibt über die Trassierung näheren Aufschluß.

i) Bezirksbahnhof Kap Horn. Beim Bau der Pkw-Umschlagsanlage am Hafen A mußte für das Entladen der Offs-Züge aus Wolfsburg auch gleichzeitig der Bezirksbf Kap Horn erstellt werden. Innerhalb der Umschlagsanlage befinden sich 2 Kopframpengleise für Halbzüge sowie ein Kajegleis mit einer Verbindung zum Bezirksbf. Der Bezirksbf umfaßt 4 zuglange Gleise. An diesen Bahnhof, der noch für das aufzuschließende Kap-Horn-Gebiet erweiterungsfähig ist, schließen weitere 3 Gleise der Viehumschlagsanlage an. Abb. 7 zeigt den Bahnhof mit seinem Entwicklungsgebiet. Die Zufahrten zu diesem Bezirksbf aus dem Bf Inland werden durch zugabhängige Blinklichtanlagen an den 2 verkehrsreichen Bahnübergängen gesichert.

6. Oberbau

Oberbauformen und Weichenbauarten sind den Betriebsbelastungen angepaßt. An den Kajen haben sich die Pflastergleise und -weichen aus Schienen der Form Herkules bewährt. Zur Einsparung von Unterhaltungskosten werden die Gleise möglichst durchgehend geschweißt.

7. Sonstiges

Elektrische Handlaternen von 1900 g Gewicht sind anstelle der Karbidlaternen eingeführt worden.

In den Betriebsneubauten ist überall die Ölheizung mit gutem Erfolg zu Gunsten des Raumbedarfes und der vereinfachten Bedienung eingebaut worden.

Bei allen Bauformen im Oberbau, Signal- und Fernsprechwesen und in der Beleuchtung wurde entsprechend dem derzeitigen Stand der Technik möglichst eine Typisierung angestrebt, damit sind die Lagerbestände für die Unterhaltung geringer geworden.

Die Gleisplanungen, die Beschreibung der gefundenen Lösungen für die in den letzten Jahren gebauten Eisenbahnanlagen mußten zu Gunsten der Begründung für die Umgestaltung und Erweiterung der Eisenbahnanlagen und aus Raummangel zurücktreten. Fotos und Skizzen sollen den Text insoweit ergänzen.

III. Maschinen- und Elektrotechnik

Von Baurat Dipl.-Ing. **Richard Schaefer**, Bremen

1. Wasser- und Stromversorgung

Nachdem während der ersten Jahre des Wiederaufbaues der bremischen Häfen das weitläufige Netz sowohl für Trinkwasser als auch für Löschwasser wieder instand gesetzt worden war, wurden die folgenden Jahre genutzt, dieses Versorgungssystem weiter auszubauen. Die Errichtung neuer Schuppen und Speicher einschließlich der zugehörigen Büroräume, der Bau eines Verwaltungsgebäudes mit 12 Stockwerken sowie die Modernisierung der Sozialräume und der hygienischen Anlagen stellten auch auf dem Gebiete der Wasserversorgung besondere Anforderungen an die Planung.

In Verbindung mit dem umfangreichen Feuermeldesystem [1, 2] ist die Feuerwehr in der Lage, verschiedene Elektropumpen bereits vor ihrem Ausrücken einzuschalten, so daß beim Erreichen des Brandherdes Wasser mit einem Druck von 8—10 atü zur Verfügung steht. Sollte die Zufuhr elektrischer Energie zum Antrieb der Pumpen gestört sein, so kann innerhalb kürzester Zeit auf Pumpen mit dieselmotorischem Antrieb umgeschaltet werden.

Um auch bei dem späteren Ausbau des Hafens den Umschlag nach Möglichkeit nicht zu behindern, wurden bei dem Neubau der Verbindungsstraßen und Gleise Rohrsysteme mit ausreichenden Reserven verlegt. Damit ist die Gewähr gegeben, daß die Wünsche der im Hafengebiet ansässigen Gesellschaften bezüglich ihres Anschlusses an das Versorgungsnetz auch nachträglich ohne größere Schwierigkeiten erfüllt werden können [3].

2. Umschlagsanlagen

2.1 Krananlagen

Die außerordentlich umfangreichen Zerstörungen der Hafenanlagen während des Krieges einerseits und die Forderungen nach einer baldigen Wiederaufnahme des Umschlages andererseits hatten eine möglichst schnelle Reparatur der alten Anlagen erforderlich gemacht. Obwohl für eine technische Neuentwicklung wenig Zeit blieb, wurden während der ersten Jahre des Wiederaufbaues bereits Versuche für die Konstruktion eines ausgesprochenen Seehafenkranes eingeleitet. Hierzu gehörte der Umbau eines Teiles der 4-rädrigen Halbportalkrane in 3-rad-Halbportalkrane, die wesentlich geringere Anforderungen an den Zustand der Kranbahnen stellten [22].

Da jedoch noch die großen Aufbauten, insbesondere die Kranhäuser, als störend empfunden wurden, suchte man auch hier nach neuen, besseren Wegen. Die Entwicklung neuer Kugeldrehverbindungen schuf die Möglichkeit, das durch die Nutzlast und den Ausleger erzeugte Moment von dem drehbaren Kranteil auf das Kranportal zu übertragen und damit dessen Eigengewicht zur Erzielung der erforderlichen Standsicherheit heranzuziehen [23]. Diese konstruktive Lösung hatte zur Folge, daß der gesamte drehbare Aufbau kleiner gestaltet werden konnte. Die Sicht wurde verbessert, die Bewegungsfreiheit erhöht. Besonders hervorzuheben sind die geringe Windangriffsfläche und der sichere Zugang zur Krankabine durch den Kugeldrehkranz selbst während des Betriebes [24].

Ein weiterer Vorteil der schlanken Form des Kranaufbaues liegt darin, daß auch das am Wasser liegende Gleis selbst bei dicht stehenden Kranen noch gut bedient werden kann (Abb. 1).

Abb. 1. HB-Krane im Europahafen.

Eingehende konstruktive Untersuchungen, die mit namhaften Kranbaufirmen gemeinsam durchgeführt wurden, ermöglichten die Entwicklung praktisch genormter Triebwerke für Heben, Drehen, Fahren und Wippen, so daß auch bei verschiedenen Kranlieferungen eine weitgehende Übereinstimmung der wichtigsten Aggregate vorhanden ist.

Neben der Berücksichtigung der technischen Entwicklung bei der Gestaltung der mechanischen Teile der Krane wurde eine weitgehende Modernisierung der elektrischen Ausrüstung angestrebt

[4]. Die Steuerung der Antriebe erfolgt über Nockensteuerschalter mit wegsympathischer Universal-Hebelsteuerung. Im Interesse der Schonung sowohl der Krane als auch des Ladegutes wurde bei der letzten Kranserie die seither übliche mechanische Bremse durch eine Wirbelstrombremse ersetzt, welche feinfühliges Anheben und Absetzen erlaubt. Die außerdem noch vorhandene mechanisch wirkende Eldro-Bremse dient dann nur noch als reine Haltebremse; der Verschleiß ist entsprechend gering.

Wie in früheren Veröffentlichungen bereits erläutert, hat Bremen dem Halbportalkran den Vorzug gegeben, weil diese Konstruktion den Eisenbahnbetrieb auf der Kaje am wenigsten stört. Selbst während des Güterumschlages zwischen Schiff und Schuppenrampe können Waggons zugestellt werden, ohne daß die Gefahr einer Kollision zwischen Kran und Waggon besteht (Abb. 2). Lediglich auf ausgesprochenen Freiladeplätzen, die vorwiegend dem Umschlag sperriger Güter bzw. dem Verkehr zwischen Schiff und Lkw dienen, wurde das Vollportal gewählt.

Die hier entwickelten rein elektrischen Überlastsicherungen verhindern das Anheben unzulässig großer Lasten, schonen den Kran und verhindern Unfälle [5, 6].

2.2 Flurförderzeuge

Die Forderungen nach der Beschleunigung des Umschlages sowie der Mangel an Arbeitskräften zwangen dazu, Überlegungen hinsichtlich der Rationalisierung des Gütertransportes auch im Hafen anzustellen. Als erster Schritt auf diesem Wege war die Zusammenfassung größerer Lasteinheiten und deren Bewegung mittels Elektrokarren und Elektroschleppern anzusehen. Damit war zwar die Möglichkeit gegeben, die Güter schneller zu befördern, doch blieb die Frage der besseren Ausnutzung des Lagerraumes noch immer ungelöst. Im Vergleich zu dem seither allgemein üblichen Transportmittel, der Sackkarre, war die nutzbare Fläche durch den Einsatz der Elektrofahrzeuge wegen der erforderlichen Gangbreiten noch kleiner geworden.

Abb. 2. Kaje unter den Halbportalkranen.

Um jedoch auch die Schuppenhöhe ausnützen zu können, waren nach dem Kriege in Bremen Hubgeräte entwickelt worden, die in Verbindung mit den vorhandenen Elektrokarren in der Lage waren, auch größere Lasten anzuheben, zu bewegen und innerhalb ihres Hubbereiches in beliebiger Höhe abzusetzen [9]. Wenn diese Fahrlader auch nicht mit den heute bekannten Gabelstaplern konkurrieren konnten, so boten sie doch die Möglichkeit, die ersten Transportstudien anzustellen. Von Nachteil waren ihre geringe Wendigkeit und ihre geringe Tragkraft.

Zur Durchführung eingehender Untersuchungen auf dem gesamten Transportsektor wurden in den Jahren nach 1952 einige Elektrostapler der 1-t- und der 3,2-t-Klasse beschafft, mit denen Versuche für die Be- und Entladung von Waggons sowie die Stapelung von Gütern mit größeren Abmessungen zur besseren Ausnützung des Lagerraumes vorgenommen werden konnten.

Da es zu dieser Zeit noch keine wirksamen Abgasreiniger gab und eine nachteilige Beeinträchtigung der in den Schuppen lagernden Waren unbedingt vermieden werden sollte, entschloß man sich, Elektro-Stapler zu beschaffen.

Abb. 3. Diesel-Gabelstapler mit hydraulischer Zinkenklammer.

Der Probeeinsatz dieser neuartigen Transportmittel, die inzwischen z. T. auch mit einfachen Zusatzgeräten ausgerüstet wurden, zeigte bald, daß der Stapler das Universalgerät für den Umschlag an Land ist.

Inzwischen hatte man jedoch erkannt, daß wegen der Vielzahl der Güter und des Unterschiedes in ihren Abmessungen ein Transport- und Stapelfahrzeug geschaffen werden müsse, das sich den jeweils vorliegenden Verhältnissen sofort anpassen könnte. Gleichzeitig trat die Forderung nach einer steten Einsatzbereitschaft und der Unabhängigkeit von einer zentralen Ladestation auf. Durch die Entwicklung von Abgaswaschanlagen, die neben der Reinigung der Abgase eine einwandfreie Funkenlöschung garantieren, stand dem Dieselstapler der Weg in den Schuppen offen (Abb 3). Die nebenstehende Kurve zeigt diese Entwicklung klar auf (Abb. 4).

Die durch das Eigengewicht und die Abmessungen des Zusatzgerätes verringerte Nenn-Nutzlast der Stapler entspricht dem Gewicht des weitaus größten Teiles der Stückgüter. Um jedoch auch die zu einem geringen Prozentsatz anfallenden großen Stücke bewegen zu können, sind den Schuppen noch einige Stapler der 3,2-t- bzw. 3,5-t-Klasse zugeteilt. Die kleinen Stapler für 1 t Nutzlast dienen vorwiegend der Beladung von Waggons (Abb. 5). Auf diesem Gebiet ist die Entwicklung noch keineswegs abgeschlossen. Entsprechende Versuche sind eingeleitet. Es bleibt einem späteren Zeitpunkt vorbehalten, hierüber eingehender zu berichten.

Mit der Beschaffung der Stapler allein war die Rationalisierung des Hafenumschlages noch nicht abgeschlossen. Wenn auch die zum größten Teil mit hydraulisch zu betätigenden Spannzinken ausgerüsteten Stapler in der Lage sind, die unterschiedlichsten Lasten zu greifen oder aufzunehmen, so sind besonders für empfindliche stapelbare Güter Paletten in ausreichender Zahl erforderlich. Außerdem ist die regelmäßige und fachmännische Überprüfung und Wartung der Fahrzeuge von Bedeutung. Um hierbei unabhängig zu sein, wurde die bereits bestehende Reparaturwerkstätte für das allgemeine Hafenumschlagsgerät entsprechend erweitert und mit geschulten Kräften besetzt. Eigene Prüfstände für die Dieselmotoren wurden gebaut und alle für eine sachgemäße Überholung erforderlichen Einrichtungen und Werkzeuge beschafft. Ausführliche Wartungspläne, deren Beachtung genauestens überwacht wird, wurden ausgearbeitet.

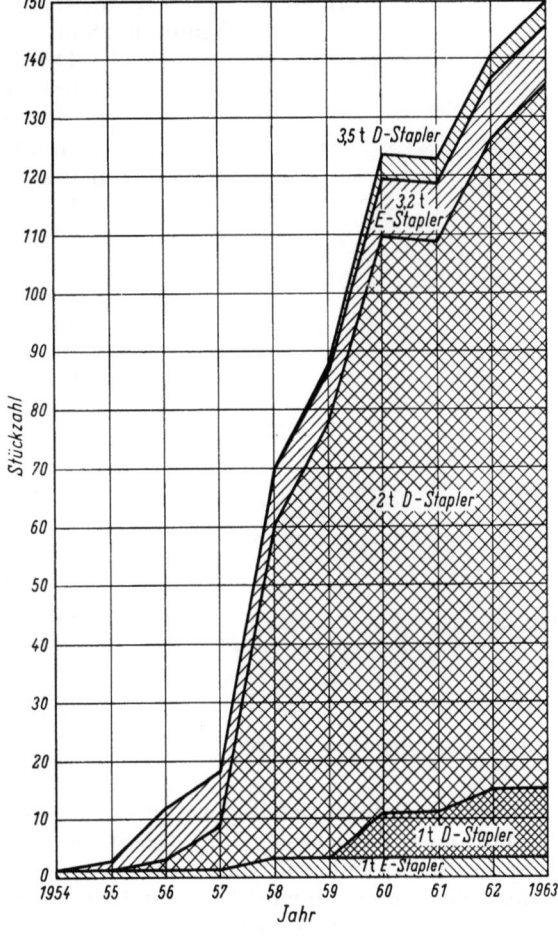

Abb. 4. Entwicklung des Bestandes an Gabelstaplern der Bremer Lagerhaus-Gesellschaft.

Um die Leerlaufzeiten so gering wie möglich zu halten, wurden an einer Reihe von Schuppen Tankstellen eingerichtet, an denen die Stapler innerhalb weniger Minuten ihren Brennstoffvorrat ergänzen können. Die Fahrt zur zentral gelegenen Werkstätte ist dadurch nur noch zum Zwecke der turnusmäßigen Wartung erforderlich. Die optimale Ausnutzung der Geräte dürfte damit erreicht sein.

2.3 Förderanlagen

Die Getreideanlage wurde in den vergangenen Jahren weiterhin modernisiert und die gesamte Anlage weiter ausgebaut. Dadurch ist sie in der Lage, Getreide zwischen den verschiedensten Verkehrsmitteln (Seeschiff, Binnenschiff, Waggon und Lkw) umzuschlagen und bis zu 125 000 t einzulagern.

Das außerordentlich schwierige Problem der Getreideentstaubung wurde ebenfalls in Angriff genommen. Eine Reihe umfangreicher Versuche wurde mit Erfolg durchgeführt.

2.4 Schwimmkran

Der Trend, größere Fertigteile zu transportieren, hatte zur Folge, daß immer mehr schwere Einzelstücke ihren

Abb. 5.
Beladung von Waggons mittels Stapler.

Weg über Bremen nahmen. Dadurch waren die vorhandenen Geräte den Anforderungen auf die Dauer nicht mehr gewachsen. Eingehende Ermittlungen bezüglich der Häufigkeit des Auftretens größerer Lasten führten deshalb zu dem Entschluß, einen Schwimmkran für eine Tragkraft von

100 t bei einer Ausladung von 20 m (25 m) ab Drehsäulenmitte = 10 m von Pontonseitenkante bzw. 15 m in Pontonlängsrichtung zu beschaffen.

Die besonderen Forderungen lauteten:

Hilfshub: 10 t × 40 m, Hubhöhe 35 m über Wasserspiegel,
Wippweg 28 m.

Abb. 6. Schwimmkran für 100 t Last.

Der inzwischen erfolgreich eingesetzte Kran besitzt Eigenantrieb; er erreicht eine Geschwindigkeit von 6 Knoten noch bei Windstärke 6. Damit er das gesamte Gebiet der bremischen Hafengruppe, auch hinter der Schleuse, bedienen kann, wurde die Breite des Pontons auf 20 m begrenzt.

Um auch in engsten Hafenbecken arbeiten zu können, ist der Kran mit 2 VS-Propellern ausgerüstet, die von je einem 640-PS-Dieselmotor angetrieben werden. Jeder Antriebsmotor ist außerdem über eine Schaltkupplung mit einem Generatorsatz verbunden, der die elektrische Leistung für den Betrieb der Hub-, Wipp- und Drehmotoren liefert. Damit ist für den Kranbetrieb eine 100%ige Reserve vorhanden. Besonders zu erwähnen ist, daß der Kranbetrieb über Leonardsteuerung erfolgt. Das übrige Bordnetz einschließlich der Ankerwinden, Spills, Pumpen und Hilfsantriebe wird mit Drehstrom versorgt.

Für die Deckung des Energiebedarfs während der Liegezeit ist ein zusätzliches Aggregat mit einer Leistung von 175 PS eingebaut. Um die gesamte Anlage jedoch während umfangreicherer Wartungsarbeiten stillegen zu können, ist am Hauptliegeplatz des Kranes die Möglichkeit gegeben, die elektrische Anlage an das allgemeine Landnetz anzuschließen.

Neben den bereits erwähnten Forderungen wurde besonderer Wert auf gute Sichtmöglichkeit sowohl für den Kran- als auch den Schiffsführer gelegt.

Um eine möglichst tiefe Schwerpunktlage zu erreichen, wurden bei der Ausbildung der Drehsäule ebenfalls neue Wege beschritten. Das Ergebnis drückte sich in der verhältnismäßig geringen Krängung des Schwimmkranes aus (Abb. 6).

Besonders zu erwähnen ist die elektronisch gesteuerte Überlast- und Lastmomentsicherung. Sie bietet einerseits dem Kranführer die Möglichkeit, das Gewicht der Last und deren Ausladung an seinen Instrumenten abzulesen, und verhindert andererseits automatisch, daß die zugelassenen Belastungsgrenzen versehentlich überschritten werden. Der Kranführer besitzt bei Überlastung des Kranes nur noch die Möglichkeit, die Last abzusetzen bzw. sie einzuholen. Diese vollelektronische Sicherung, die erste dieser Art, hat sich im praktischen Einsatz inzwischen gut bewährt.

Außer den Forderungen, die der Betrieb an die Maschinenanlage stellt, wurden die Belange der auf dem Schwimmkran arbeitenden Menschen weitgehend berücksichtigt.

Um die Maschinisten nicht der andauernden Einwirkung der Motorengeräusche auszusetzen, wurde eine besondere schallisolierte Kabine eingebaut, von der aus der Maschinenraum durch ein kleines Fenster überblickt werden kann.

Abb. 7.
Schleusenbrücke mit einfahrendem Schwimmtor (MAN-Werksfoto).

Für die Verständigung zwischen Schiffsführer, Kranführer und Maschinisten ist eine Wechselsprechanlage vorhanden. Die Verbindung zur Einsatzzentrale und zum öffentlichen Fernsprechnetz erfolgt über Funk.

2.5 Schleuse

Die im Jahre 1910 erbaute Schleuse zu den Industriehäfen mit ihren Schwimmtoren erforderte bis heute keine grundsätzliche Änderung ihrer maschinellen Anlage. Bei der Ersatzbeschaffung einer neuen Schleusenbrücke für das Binnentor wurden lediglich neuere Gesichtspunkte hinsichtlich der Gestaltung und der Fertigungsmethoden berücksichtigt (Abb. 7). Die verfahrbare Brücke, die gleichzeitig als Führung und Widerlager für das etwa 27 m lange Schwimmtor dient, hat eine Länge von etwa 61 m und eine Breite von 7,60 m. Neben dem eigentlichen Bedienungssteg besitzt sie einen gesicherten Laufsteg von etwa 2,0 m Breite für Fußgänger. Nachdem das Binnenhaupt im Jahre 1959 mit der oben erwähnten neuen Brücke ausgerüstet wurde, steht der Austausch der alten Brücke am Außenhaupt bevor.

Abb. 8. Beleuchtung des Arbeitsplatzes in den Schuppen.

3. Beleuchtung

Da die Versuche, die früher gebräuchlichen Glühlampen durch Leuchtstofflampen zu ersetzen, durchaus positiv ausgefallen waren, wurde eine durchgreifende Modernisierung der Beleuchtung der gesamten Hafenanlagen vorgenommen [7]. Die hierbei angestrebte wesentlich stärkere Ausleuchtung der Arbeitsplätze sollte sowohl die Arbeit des Aufsichtspersonals erleichtern als auch die Sicherheit der im Hafen beschäftigten Arbeiter erhöhen. Die mittlere Beleuchtungsstärke in den Schuppen beträgt etwa 50—60 Lux.

In Angleichung an das System der öffentlichen Straßenbeleuchtung Bremens, die Hauptausfallstraßen durch Natriumdampflampen zu kennzeichnen, wurden die Anschlußstraßen innerhalb des Hafengebietes ebenfalls mit Natriumdampflampen ausgerüstet. Freiladeflächen, Kajen und Laderampen werden z. T. zusätzlich durch Quecksilberdampflampen beleuchtet [8].

In niedrigen Schuppen haben sich Langfeldleuchten sehr gut bewährt (Abb. 8). Wo jedoch die Leuchten in größerer Höhe angebracht werden konnten, wurde neuerdings Quecksilberdampflampen der Vorzug gegeben. Eine bessere Blendungsfreiheit konnte durch entsprechende Armaturen und hellere Ausgestaltung der Schuppendecken erzielt werden.

IV. Hoch- und Brückenbau

Von Oberbaurat Dipl.-Ing. Helmut Jung, Bremen

1. Schuppenbauten

Beim weiteren Ausbau der Häfen wurde der bisher entwickelte Schuppentyp für ebenerdige Schuppen mit Rampen vervollkommnet. Schuppen 3 — Nordkaje Europahafen — wurde als reifste Entwicklung dieses Typs im April 1956 dem Betrieb übergeben (Abb. 1): Wände in Stahlskelett mit Klinkerausfachung, Binder in leichtem Stahlfachwerk mit rd. 25 kg/m² Stahlbedarf einschl. Pfetten, Stahlinnenstützen mit einer Nutzfläche von rd. 200 m² je Stütze, Eindeckung mit 7—8 cm starken Bimsbetonplatten, Dachhaut in doppellagiger Pappe mit Bekiesung. Die mindeste lichte Höhe beträgt 5 m und genügt damit den bisherigen Anforderungen, auch für normalen Staplerbetrieb.

Bedingt durch die beengten Verhältnisse im Hafengebiet und die erhöhten Anforderungen an Schuppenlagerfläche wurden die Schuppen 1 und 6 als 2-geschossige Schuppen errichtet. Über den Wiederaufbau des Schuppens 6 in den Jahren 1953 bis 1955 ist a.a.O. [12, 13] berichtet. Auf Grund

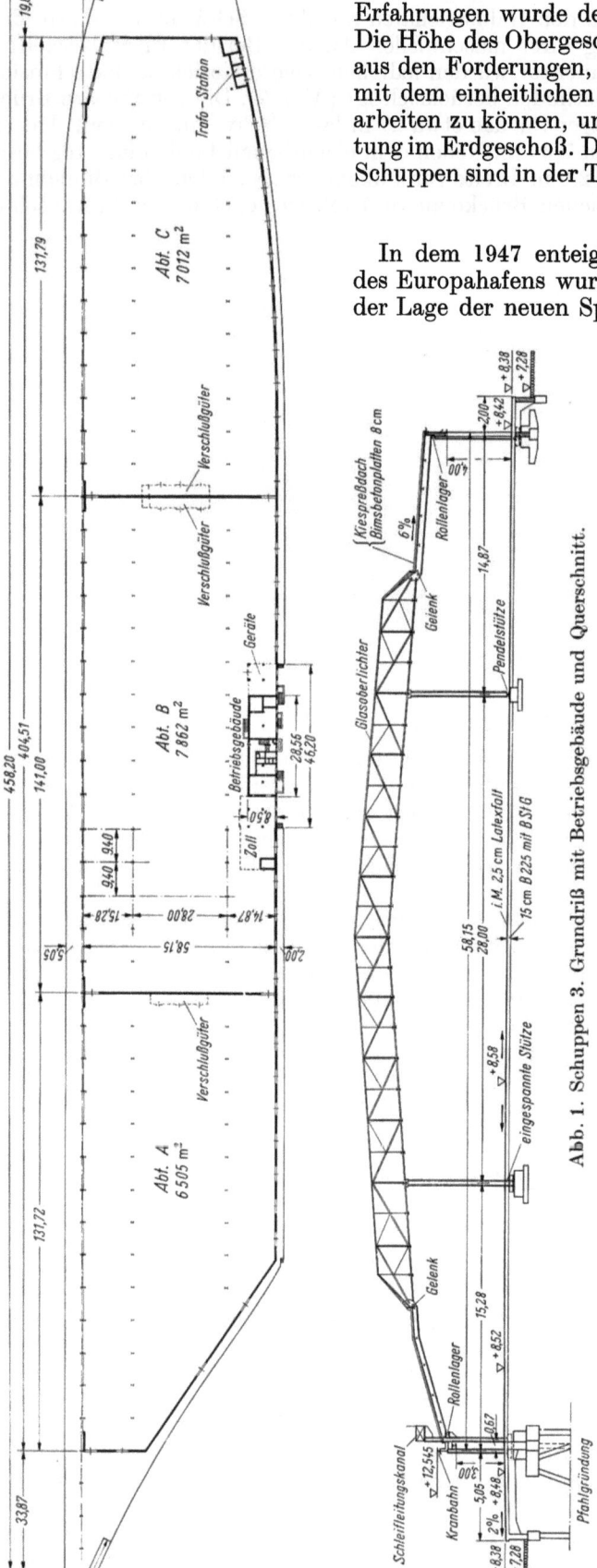

Abb. 1. Schuppen 3. Grundriß mit Betriebsgebäude und Querschnitt.

der beim Bau des Schuppens 6 und im Betrieb gewonnenen Erfahrungen wurde der Schuppen 1 erstellt (Abb. 2a bis 2c). Die Höhe des Obergeschoßbodens von 9 m ergab sich auch hier aus den Forderungen, im Bereich der 2-geschossigen Schuppen mit dem einheitlichen Krantyp der benachbarten ebenerdigen arbeiten zu können, und nach einwandfreier natürlicher Belichtung im Erdgeschoß. Die wesentlichen technischen Daten beider Schuppen sind in der Tab. 1, S. 168 zusammengestellt.

2. Speicher

In dem 1947 enteigneten ehemaligen Wohngebiet nördlich des Europahafens wurde 1960/63 der Speicher II gebaut. Mit der Lage der neuen Speicher I und II getrennt von den Kajeschuppen wurde die „klassische Bauweise", nämlich Kaje, Schuppen, Straße, Speicher parallel hintereinander zu bauen, aufgegeben. Mit der Ausweitung des Hafengebiets hat es sich erwiesen, daß Speicher und Schuppen keineswegs baulich so eng miteinander verbunden sein müssen, wie man es um die Jahrhundertwende beim Bau der Anlagen noch für notwendig gehalten hatte. Der Speicher kann infolge seiner ihm eigenen Betriebsweise durchaus räumlich vom Schuppen entfernt sein, solange er nur im Freihafengebiet liegt. Eine getrennte Lage erleichtert eine intensivere Nutzung des Speichers, da er nun von mehreren Schuppen bedient werden kann und nicht nur auf das Gut angewiesen ist, das der vor ihm liegende Schuppen anbietet und behindert wiederum nicht den gegenüberliegenden Schuppen durch evtl. Fremdverkehr.

Die beim Speicher I entwickelte Grundrißlösung mit 2-seitigem Anschluß von Bahn und Straße wurde beim Bau des Speichers II beibehalten (Abb. 3a). Bedingt durch örtliche Gegebenheiten liegt hier das Rampenplanum des Erdgeschosses in Straßenhöhe, das des 1. Obergeschosses hingegen in Gleishöhe. Bei Speicher II wurde die Grundrißlösung der Geschosse weiter rationalisiert; der früher in den einzelnen Treppenhäusern im Stockwerk geforderte offene Vorraum vor den Aufzugstüren (Abb. 3c) entfällt, diese Fläche wird nutzbringend für die Lagerung in den einzelnen Geschossen mit herangezogen (Abb. 3b). Die Lagerfläche ist auf etwa 500 m² je Boden vergrößert worden, der Anteil der Verlustflächen für Aufzüge, Treppenhäuser usw. wird damit prozentual kleiner. Die Ausnutzung des Speichers, d. h. das Verhältnis der für die Warenlagerung nutzbaren Flächen zu den bebauten Flächen

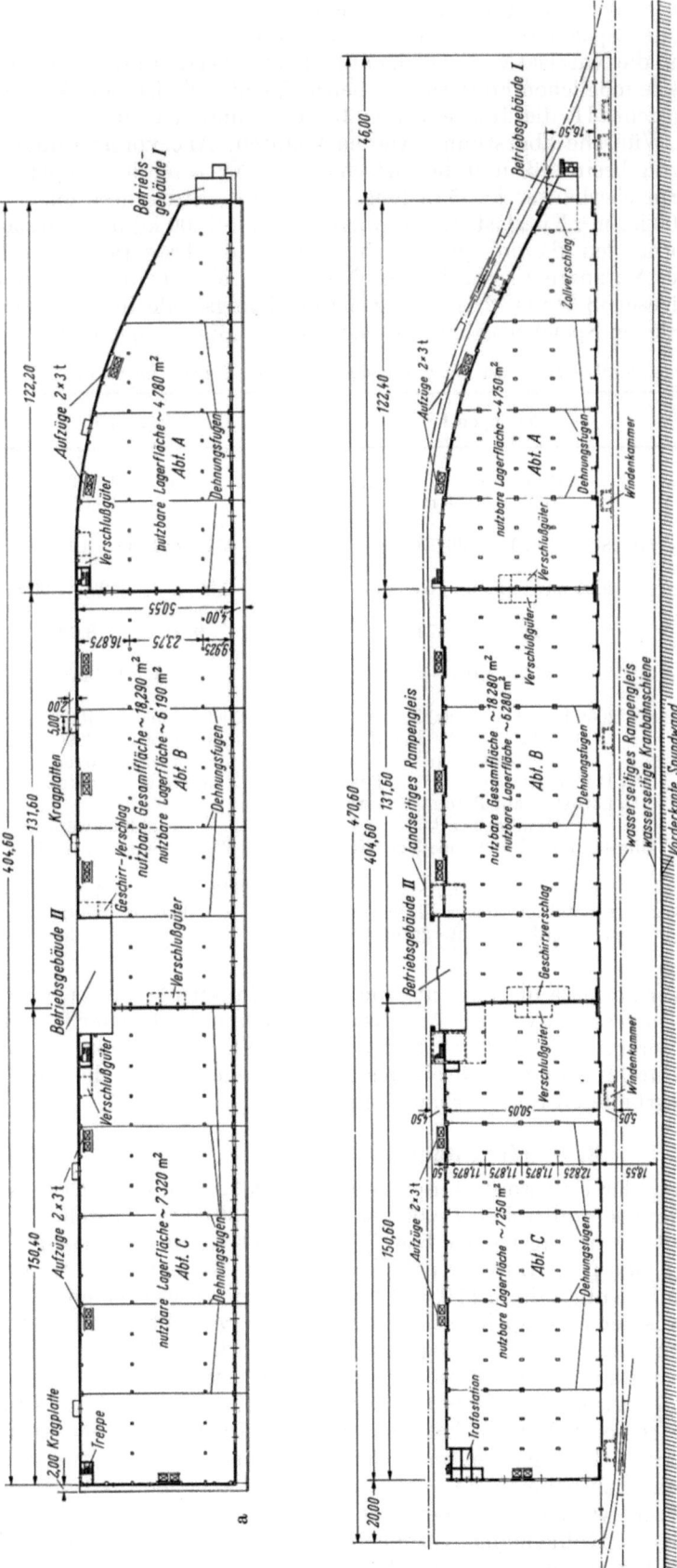

Abb. 2 a—c. Schuppen 1.
a) Grundriß Erdgeschoß; b) Grundriß Obergeschoß; c) Querschnitt.
a Flachfundamente auf verdichtetem Untergrund ($\sigma = 4{,}5$ kg/cm²); b Gelenk im Rahmenriegel; c Stahlpendelstütze; d Deckenträger: Fertigteile, Decke in Ortbeton.

(Außenabmessungen) beträgt bei Speicher I rd. 0,80, bei Speicher II nunmehr 0,875. Im Einvernehmen mit den Interessenten des Speichers II wurde die Geschoßhöhe von 4,50 m (im Speicher I) auf 3,60 m ermäßigt, desgl. die Nutzlast von 1500 kg auf 1200 kg. Dazu muß gesagt werden, daß Speicher I seinerzeit als ein alle möglichen Forderungen befriedigender Mehrzweckspeicher gebaut wurde, während bei Speicher II die Interessenten bekannt und demzufolge die technischen Forderungen auf deren Wünsche abgestimmt werden konnten. Alle vorgenannten Umstände haben die Baukosten günstig beeinflußt und die wirtschaftliche Nutzung des Speichers verbessert. Technische Daten: 12 Speicherhäuser je 35 m lang, 30 m breit, Stützenteilung 5 × 5 m, Keller und Erdgeschoß mit je 2000 kg/m²; Nutzlast, 1.—5. Obergeschoß je 1200 kg/m²; Nutzlast. Je Haus sind 3 Aufzugsschächte vorhanden, davon 2 mit Aufzügen mit 2,5 t Tragkraft ausgerüstet, der 3. Schacht dient als Reserve. Nutzbare Fläche je Speicherboden i.M. 500 m², des gesamten Speichers rd. 84000 m². Im Erdgeschoß Haus 12 ist eine Zollabfertigungsstelle für die Speicherbetriebe eingerichtet, in verschiedenen Speicherböden sind nach Bedarf Büros eingebaut.

Tabelle 1. *Zusammenstellung der technischen Daten der zweigeschossigen Schuppen 1 und 6 im Europahafen*

	Schuppen 1	Schuppen 6
Länge der Abteilungen — gesamt	122,20 + 131,60 + 150,40 = 404,60 m	93,62 + 93,42 + 103,22 = 291,76 m
Breite im Erdgeschoß — Obergeschoß	50,05 / 50,55 m	36,65 / 36,65 m
Nutzbare Flächen: Erdgeschoß — Obergeschoß — gesamt	18 280 + 18 290 = 36 570 m²	9540 + 9600 = 19 140 m²
Erdgeschoßhöhe — Trauf- und Firsthöhe Obergeschoß	9,00 m | 5,50—10,50 m	9,00 m | 6,00—7,00 m
Erdgeschoß: Binderabstand — Stützenabstand	9,40 m | 11,87 m	9,40 m | 8,00 m
Nutzfläche je Stütze: Erdgeschoß — Obergeschoß	112 / 191 m²	75 / 153 m²
Belastung: Boden und Rampen Erdgeschoß	2000 kg/m² | 4000 kg/m²	2000 kg/m² | 4000 kg/m²
Boden und Rampen Obergeschoß Sonderlasten Obergeschoß	1500 m²/kg | 2000 kg/m² Elektrokarren	1500 kg/m² | 2000 kg/m² Elektrokarren
Bodenbelag: Erdgeschoß — Obergeschoß	²/₃ Holzbohlen 5 cm | Basaltestrich ¹/₃ Latexfalt auf Beton	Latexfalt Latexfalt
Binderkonstruktion Obergeschoß	Stahlfachwerk	Stahlfachwerk
Dacheindeckung	Bimsbetonpl. 2 × Pappe 3 cm Kies	Wellasbestzementplatten
Aufzüge: Zahl — Tragkraft — Korbnutzfläche	16 St. je 3 t 2,0 × 3,0 m	6 St. je 2 t 2,0 × 3,0 m
Bauwerksgründung	Wassers.: Stahlpf./sonst.: Flachgründg. auf verdicht. Untergrund	Flachgründung
zugelassene Bodenpressung	4,0 kg/cm²	2,0 kg/cm²

Ungewöhnlich sind die Besitzverhältnisse insofern, als von den 12 Häusern 7 Häuser ganz oder geteilt als Stockwerkseigentum verkauft wurden. 5 Häuser werden von der Bremer Lagerhaus-Gesellschaft bewirtschaftet. Die Vorentwürfe für den Bau des Speichers II wurden vom Hafenbauamt aufgestellt, die spätere Baudurchführung des Projektes lag in Händen der zu diesem Zweck mit bremischer Unterstützung gegründeten Speicherbau GmbH.

3. Sonderanlagen

Getreideanlage. Die Entwicklung der Futtermittelimporte zwang 1957/58 zu einer Erweiterung der Lagerkapazität der Getreideanlage von bisher 75 000 t um weitere 30 000 t. Anstelle üblicher Silozellen wurden 6 Schuppen je 1250 m² Lagerfläche bzw. je rd. 5000 t Getreidelagermöglichkeit errichtet. Einzelheiten der Anlage sind [17]. Durch 2 nahegelegene, von Bremen gekaufte private Schuppen ist die Kapazität der Anlage um weitere 17 000 t erhöht worden. Diese beiden Schuppen — G 7 und G 8 — dienen ebenfalls der Flachspeicherung von Getreide, vor allem großer, zusammenhängender Partien. Sie können später durch Verlängerung der Bandbrücke über den Schuppenspeichern G 1 bis G 6 betrieblich mit an die Gesamtanlage angeschlossen werden.

Fischmehlumschlag. In einem provisorischen Wellblechschuppen bei Schuppen 16 B wird der Fischmehlumschlag abgewickelt. Dieser Schuppen hat sich als sehr wirtschaftlich erwiesen. Die Unstetigkeit des Fischmehlgeschäfts ließ es geraten erscheinen, von einem festen Bauwerk in der Art üblicher Hafenschuppen Abstand zu nehmen. Der Schuppen kann daher jederzeit demontiert und bei Bedarf auch an anderer Stelle wieder verwendet werden.

Viehumschlagsanlage. Die 1951 im Kohlenhafen vorübergehend eingerichtete Viehumschlagsanlage (s. Jahrb. HTG 1950/51, S. 162) mußte den Plänen für den weiteren Bau von Binnenschiffsliegeplätzen weichen und ist in den Hafen A verlegt worden (Abb. 4). Bei der Gesamtplanung, wie auch bei der Durchführung technischer Einzelheiten wurden hohe Anforderungen gestellt, wie hochwertige glatte Betonflächen, um die Desinfektion der Gesamtanlage zu erleichtern, hohe Betongüte und gute Isolierungen gegen betonschädigende Desinfektionsmittel. Die 5 Viehboxen des jetzigen 1. Ausbaues erlauben das Aufstellen von rd. 125 Stück Rindvieh, d.h. innerhalb des

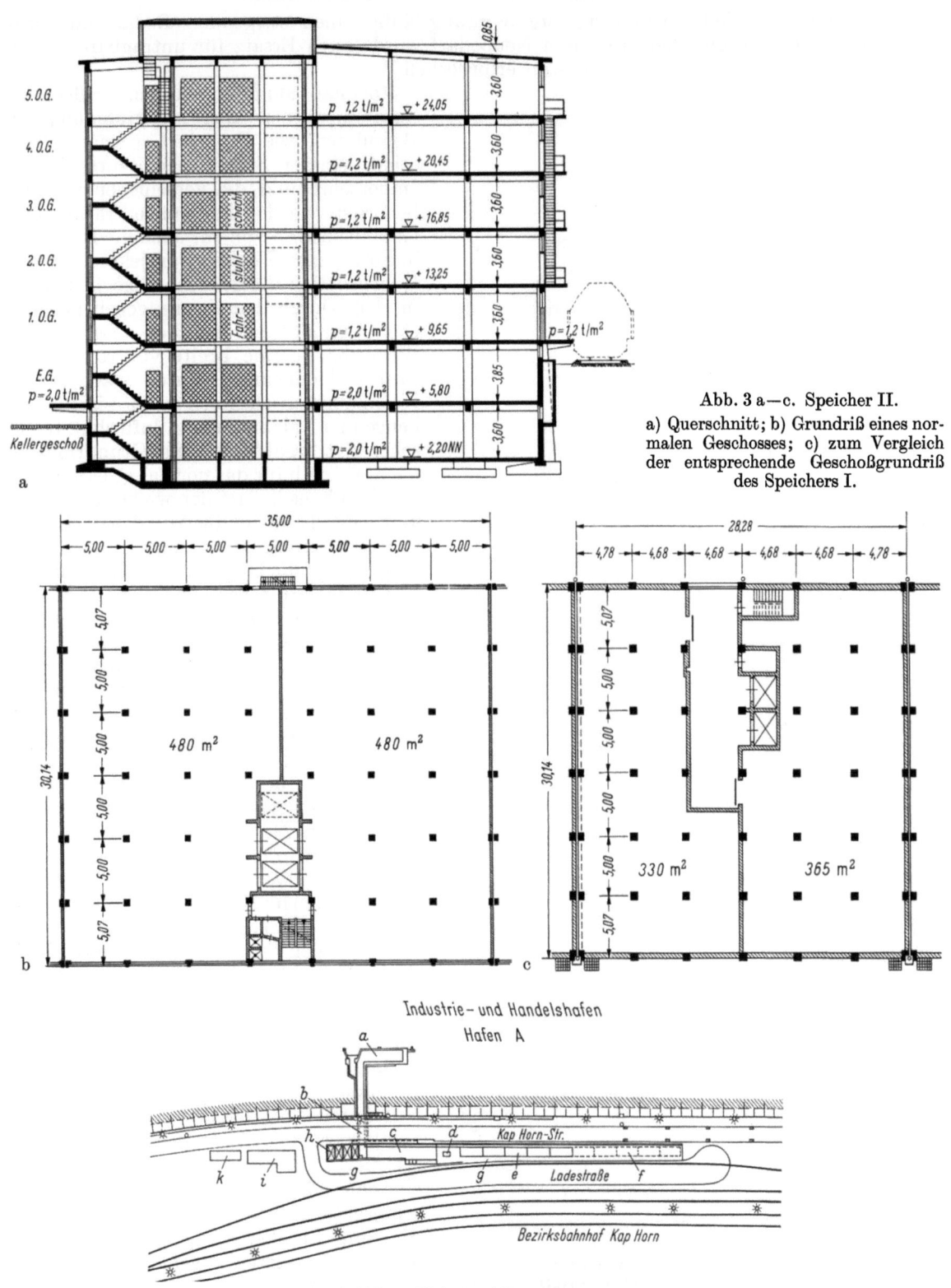

Abb. 3 a—c. Speicher II.
a) Querschnitt; b) Grundriß eines normalen Geschosses; c) zum Vergleich der entsprechende Geschoßgrundriß des Speichers I.

Abb. 4. Viehumschlagsanlage.
a Löschbrücke; b Unterführung unter die Kap-Horn-Straße; c ansteigende Rampe, zugleich Viehaufstellfläche vor dem Verwiegen; d Waage; e Viehboxen; f spätere Erweiterung; g Verladerampe in Waggon oder auf Lkw; h Mistgruben; i Betriebsgebäude; k Klär- und Desinfektionslanlage.

2-stündigen Umschlagsvorganges die Einfuhr von etwa 250 Stück Schlachtvieh. Die Anlage kann bei Bedarf auf die doppelte Größe erweitert werden.

4. Verwaltungs-, Betriebs- und Sozialgebäude

Die allgemeine Verkehrsausweitung ergab zwangsläufig einen steigenden Bedarf an Büro-, Sozial- und Betriebsraum. Neben echtem Neubedarf wurde auch Ersatz für untragbare behelfsmäßige Lösungen der ersten Nachkriegszeit erforderlich.

Hochhaus am Überseehafen. Bei der engen Zusammenarbeit aller am Hafenumschlag Beteiligten, wie Bremer Lagerhaus-Gesellschaft, Makler, Stauer, Spediteure, Ex- und Importeure und die verschiedenen Hafenbehörden wurde die Konzentration eines Gesamtbedarfs von rd. 5000 m² Bürofläche in Form eines Hochhausprojektes am Kopf Überseehafen als zweckmäßige Lösung gefunden. Durch den Zwang gegebener örtlicher Verhältnisse hat das 12-geschossige Bürogebäude eine Breite von rd. 17 m bei 37 m Gebäudelänge. Unter Beachtung der Hochhausbaurichtlinien und einiger vorbeugender Maßnahmen luftschutztechnischer Art ergab sich eine Grundrißlösung nach Abb. 5b für das normale Geschoß. Für ein Hochhaus bedarf der wichtige Betriebskern mit Treppenhäusern, Aufzügen, Leitungsschächten, Abortanlagen usw. besonderer Sorgfalt im Entwurf. Das statisch tragende Gerüst (Abb. 5a): ein 2-geschossiger Keller in Kastenform mit aussteifenden Längs- und Querwänden, darauf stehen, biegungssteif verbunden, Betontürme für Fahrstühle, Treppen usw. zur Aufnahme der Horizontalkräfte in den verschiedenen Geschossen. Die Verwendung als Mietbürohaus für über 50 Parteien erforderte eine Ausstattung, bei der gleichzeitig Repräsentation und Rücksichtnahme auf die intensive Nutzung im 24-stündigen Hafenverkehr erforderlich wurde. Das Hafenhochhaus mit insgesamt 5940 m² nutzbarer Fläche für Büros, Läden im Erdgeschoß, Kellerräumen, zentraler Heizanlage und sonstigen Betriebseinrichtungen wurde in 18 Monaten errichtet und ist seit dem 1. 1. 1961 in Betrieb. In eine Baulücke zwischen Hochhaus und Altbauten wurde eine für diesen konzentrierten Bürokomplex dringend benötigte Kantine nach neuzeitlichen Gesichtspunkten eingerichtet.

Hafenmeistergebäude Industriehafen. Der Schiffsverkehr an der Industriehafenschleuse erforderte für den dortigen Hafenmeister eine neues, in günstiger Lage auf der Schleuseninsel gelegenes Dienstgebäude, bei dem die Aufsicht über das gesamte Revier aus einem aufgesetzten Glasbau mit Rundumsicht erfolgen kann.

Hafenbetriebsverein und Arbeitsamt. Der schnellen und reibungslosen Vermittlung der Arbeitskräfte für den Hafenbetrieb gilt

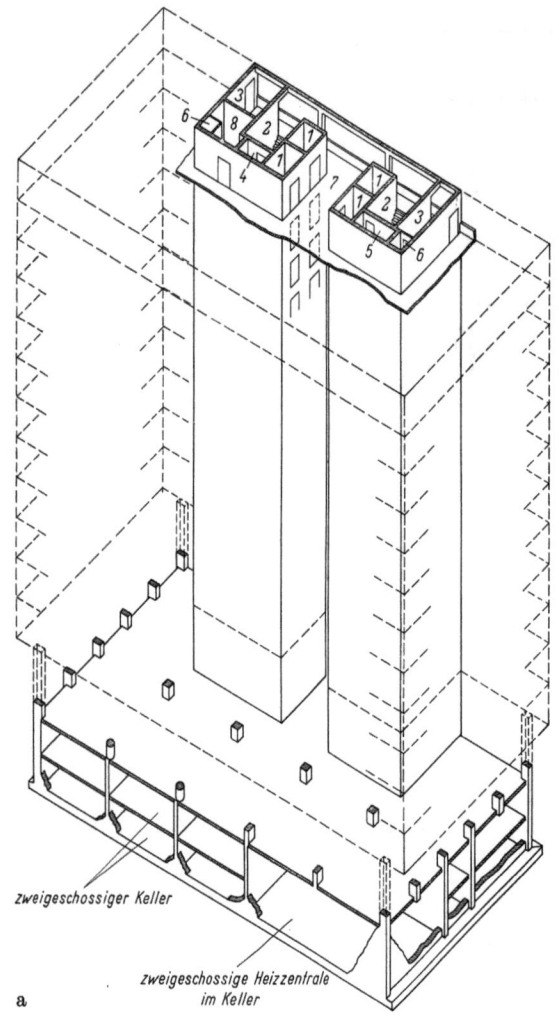

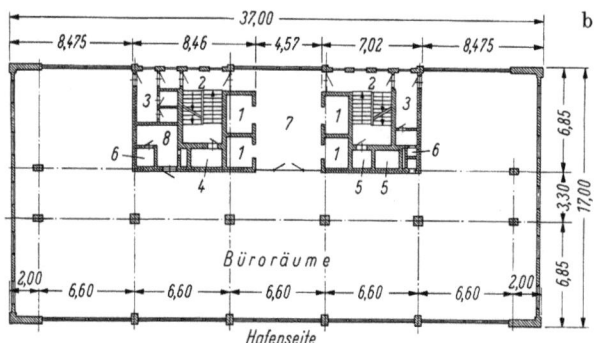

Abb. 5 a u. b. Bürohochhaus am Überseehafen.
a) Statisch tragendes Gerüst; b) Grundriß eines Normalgeschosses und konstruktive Übersicht. *1* Aufzüge; *2* Treppenhäuser; *3* Abortanlagen; *4* Leitungsschacht Elt-Versorgung; *5* Leitungsschacht für Heizung einschl. Schornsteine; *6* sonstige Leitungsschächte; *7* Aufzugsvorhalle; *8* Teeküche.

eine Bauwerksgruppe am Hafeneingang Feuerwehrstraße, d. h. in bestmöglicher Lage zu den Arbeitsstellen im Überseehafen. Eine weitere Vermittlungsstelle wurde für den Europahafen errichtet. Eine 3. ist für die Industrie- und Handelshäfen bereits geplant. In der großen Verteilerhalle werden die unständigen Hafenarbeiter täglich 2-mal zu Arbeitsgängen zusammengerufen und verteilt. Schnellste Zuweisung der Leute, Abwicklung der Einstellungsformalitäten und der späteren Lohnzahlung erfordert eine Verwaltung, die um die Verteilerhalle herum angeordnet, ausreichend Abfertigungsplatz bietet (Abb. 6).

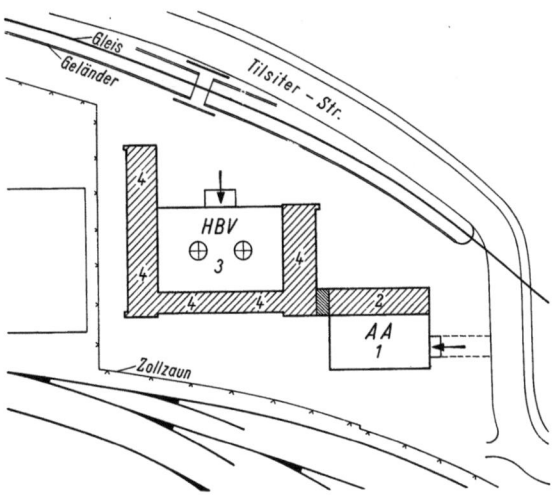

Abb. 6. Hafenbetriebsverein (HBV) und Arbeitsamt (AA) am Überseehafen.
1 Verteilerhalle AA; *2* Verwaltungsbüros AA; *3* Verteilerhalle HBV; *4* Büros und Lohnzahlungsschalter HBV.

Betriebs- und Sozialgebäude. Die berechtigten Wünsche der Hafenarbeiter nach Betreuung während der harten Arbeit im meist 2-schichtigen Umschlagsbetrieb wurde durch weitere Verbesserung der Ausstattung von Betriebsgebäuden, vor allem in den neuen Schuppen 1, 3 und 6, Genüge geleistet. Ältere Betriebsgebäude wurden durch Aufstockung räumlich erweitert und ebenfalls auf neuzeitlichen Stand gebracht.

5. Werkstätten

Das Anwachsen des Hafenumschlags, der durch vermehrte Umschlagsanlagen vergrößerte Bedarf an Betriebsgeräten und die erheblich verstärkte Mechanisierung der Umschlagsarbeiten hat zur Folge, daß die vorhandenen Werkstätten für die Pflege der Betriebsgeräte durch einen 2-geschossigen Bau mit rd. 1970 m² Nutzfläche wesentlich erweitert werden mußten.

Stauereihof Europahafen. Im Zuge der Bereinigung des Hafengebiets von Kleinbauten und behelfsmäßigen Schuppen aus der Kriegszeit wurde ein zentraler Stauereihof errrichtet mit insgesamt 13 Geräteboxen von je 35 m² Fläche, teilweise mit eingebautem Hängeboden ausgestattet. Im Obergeschoß sind Räume für die mit der Gerätepflege beschäftigten Stauer und Außenbüros der Vorarbeiter geschaffen worden (Abb. 7). Geräteboxen sowie Aufenthalts- und Büroräume werden an Stauereibetriebe vermietet.

6. Eisenbahnhochbauten

Für die im Hafenrangierbetrieb seinerzeit eingesetzten Dampfloks wurde der Bau eines Lokschuppens mit Drehscheibe, Betr.-Geb. usw. erforderlich. Ein 1. Bauabschnitt mit 6 gedeckten Lokständen in Radialbauweise wurde fertiggestellt. Vor Inangriffnahme des 2. Bauabschnitts mit weiteren 6 Ständen erfolgte jedoch die Umstellung auf Dieselloks, Typ V 60, von denen jetzt 2 Stück auf der bisherigen Standfläche einer Dampflok eingestellt werden können. Zur Vervollständigung bzw. Erneuerung veralteter Eisenbahnhochbauten wurden errichtet: die Bahnmeisterei Brm-Freihafen, die Stellwerke Ff und VI und verschiedene Postengebäude.

7. Zollbauten

Die Ausweitung des Hafengebietes (Enteignung von 1947) erforderte die Verschiebung der Zollgrenze im Bereich der Einfahrt Überseehafen. Die Planung der neuzeitlichen Zollgrenzabfertigung im Einvernehmen mit der Zollverwaltung sieht vor, daß das Hauptzollamt und 2 inselförmige Grenzabfertigungsgüterrampen den ein- und ausgehenden Verkehr teilen und eine einwandfreie

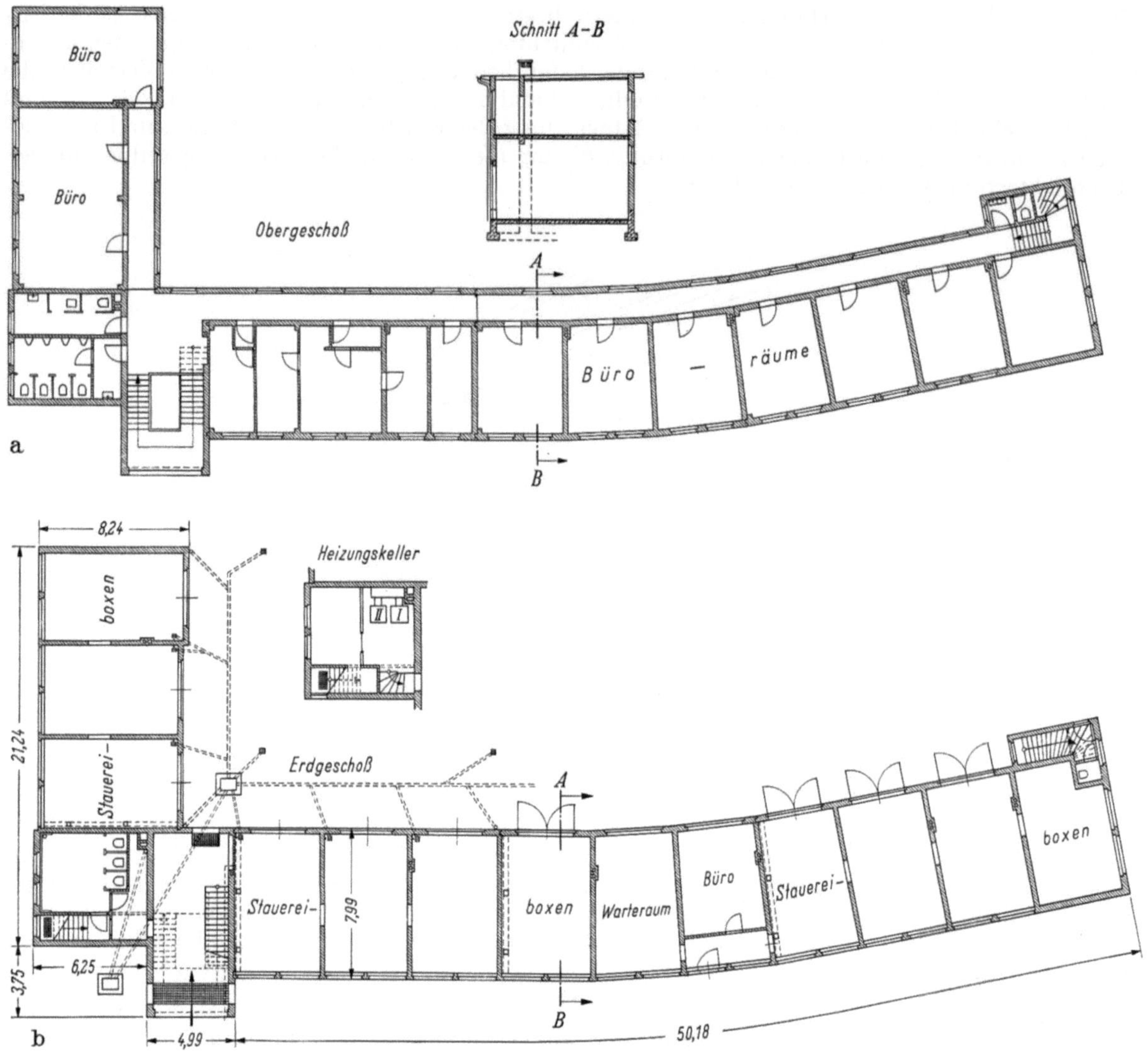

Abb. 7 a u. b. Stauereihof Europahafen.
a) Erdgeschoß mit Geräteboxen; b) Obergeschoß mit Außenbüros der Stauereifirmen.

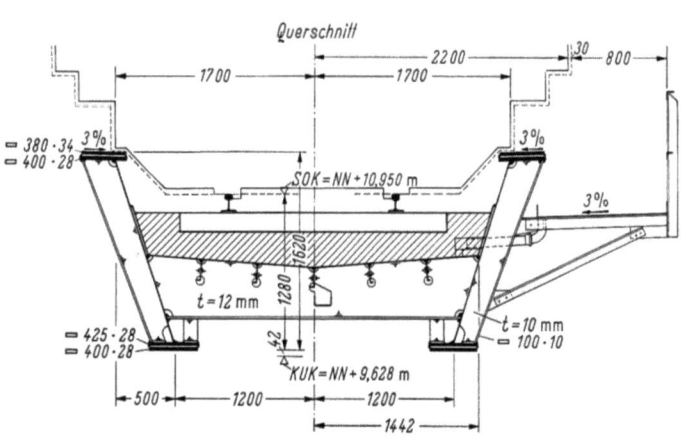

Abb. 8. Eisenbahnbrücke über die Lloydstraße Querschnitt.

zollmäßige Überwachung an der Grenze ermöglichen. Zollabfertigungstechnisch bleibt für die Schuppen das System der „Bremer Abfertigung" bestehen, nämlich in vorgeschobenen Abfertigungsstellen in den Schuppen. Die Rampenabfertigung an der Grenze dient nur der Nachprüfung und gewissen Verkehrsspitzen aus dem Speicherverkehr.

8. Brückenbau

Im Rahmen der neuen Einführungsanlagen in die Freihäfen wurde in der 1. Baustufe der Bau von 4 Überführungsbauten (2 Eisenbahnbrücken, 1 Straßenbrücke und 2 Fuß- und Radfahrtunnel) erforderlich.

Die Brücke am Hansator war in ihren Abmessungen, vor allem Spannweiten, dadurch festgelegt, daß ein unter der Brücke liegender Verkehrsknoten von allen Seiten gut übersehbar bleiben mußte. Die rd. 65 m lange Straßenbrücke (Klasse 30) in Verbundbauweise mit vorgespannter

Stahlbetonplatte steht in der Mitte auf 2 Stahlrohrstützen. Die teilweise Lage der Brücke in einer Kurve und die erforderliche Ausrundung des entgegengesetzten Gefälles beider Rampen bedeutete eine beachtliche Erschwernis sowohl der statischen Berechnung als auch der technischen Ausführung und sollte, wenn irgend angängig, in Planungen vermieden werden.

Die Brücke über die Lloydstraße ist für den Lastenzug „S" bei rd. 25 m lichter Spannweite in Trogbauweise mit schrägstehenden Stegblechen ausgeführt worden (Abb. 8). Damit verkürzt sich die Querträgerlänge und vermindert sich das Schotterbettgewicht, sie wirkt ästhetisch befriedigend, erfordert aber erhöhte Aufwendungen in statischer Berechnung und schweißtechnischer Ausführung.

Bei der Brücke am Lokschuppen werden von insgesamt 8 Gleisen zunächst nur 5 Gleise ebenfalls in Stahltrogüberbauten überführt. Auch hier war es bei rd. 1,25 m Konstruktionshöhe von OK Schiene bis UK Brücke möglich, eine Spannweite von rd. 25 m mit der o. g. Trogbauweise zu überbrücken.

Für alle Eisenbahnbrücken sind Neoprene-Lager vorgesehen. Sie ersparen die sorgfältige Verlegearbeit von Stahlgußlagerkörpern auf der Baustelle und haben den Vorteil, Brückenlängskräfte auf beide Auflager zu verteilen, so daß deren Einfluß auf das einzelne Widerlagerbauwerk vermindert wird.

Der Personen- und Radfahrtunnel Korffsdeich hat bei rd. 45 m Länge und 2,95 m l.H. die Breite von 7,50 m erhalten, um neben Fuß- und Radfahrverkehr im Notfall auch Hilfsfahrzeuge der Polizei und Feuerwehr passieren lassen zu können. Die Zweigelenkrahmenkonstruktion ist in Stahlbeton ausgeführt.

Im Zuge der Bahnverbindung zu den Klöckner-Werken wurden 2 Eisenbahnbrücken — Lastenzug S — über die Grambker Heerstraße und die Straße Auf den Delben erforderlich.

Schrifttum

[1] Bötz, K.: Elektrotechnik in Seehäfen. Elektro-Anzeiger, Juni 1953, H. 23/24.
[2] Bötz, K.: Versorgungs-, Sicherheits- und Fernmeldeanlagen stadtbrem. Häfen. Wirtschafts-Korrespondent, Sonderheft Bremen, 10. 10. 1963.
[3] Bötz, K.: Elektrotechnik in Seehäfen. Elektro-Anzeiger, Juni 1953, H. 23/24.
[4] Bötz, K.: Drehstrom oder Gleichstrom für Stückgut-Hafenkrane?. Fördern und Heben, Dez. 1952, H. 12.
[5] Bötz, K.: Überlastsicherung für Hafenstückgutkrane Hansa 1957, H. 16/17.
[6] Bötz, K.: Überlastsicherungen für Ausleger- und Portalkrane, Fördern und Heben, Dez. 1959, H. 12.
[7] Bötz, K.: Beleuchtung von Hafenschuppen durch Glühlampen oder Leuchtstofflampen. Hansa 1953, H. 17/18.
[8] Bötz, K.: Neue Beleuchtungsanlagen in den bremischen Häfen. Hansa 1955, H. 20/21.
[9] Henney: Aufgaben der Elektrotechnik in Seehäfen. Hansa 1952, H. 13, 14, 20, 25, 26.
[10] Jung, H.: Zweigeschossige Stückgutschuppen in Seehäfen, Hdb. für Hafenbau und Umschlagstechnik Bd. III, S. 157.
[11] Jung, H.: Two-storey Transit Sheds at Seaports. Dock and Harbour Nov. 1955, S. 205.
[12] Jung, H.: Der Wiederaufbau des Schuppens 6 im Europahafen. Hdb. für Hafenbau und Umschlagstechnik, Bd. III, S. 271.
[13] Jung, H.: Rebuilding of No. 6 Transit Shed at Port of Bremen. Dock and Harbour May 1956, S. 11.
[14] Jung, H.: Schuppenbauten in Bremen. Wirtschaftskorrespondent 1956, Sonderheft Sept., S. 64.
[15] Jung, H.: Bauaufgaben im Seehafen Bremen. Wirtschaftskorrespondent 1956, Sonderheft Nov., S. 28.
[16] Jung, H.: Die Anwendung von Beton und Stahlbeton im Hafen Bremen. Hdb. für Hafenbau und Umschlagstechnik Bd. III, S. 310.
[17] Jung, H.: Die Erweiterung der Getreideanlage Bremen 1957/58 durch Bau eines kombinierten Getreidelager- und Stückgutumschlagsschuppens, Hdb. für Hafenbau und Umschlagstechnik Bd. V, S. 167.
[18] Jung, H.: Zehn Jahre Hafenbau in Bremen. Wirtschaftskorrespondent 1958, Sonderheft Sept., S. 22.
[19] Jung, H.: Weiterer Ausbau der Bremer Hafenanlagen. Wirtschaftskorrespondent 1960, Sonderheft Sept., S. 13.
[20] Jung, H.: Der Seehafen Bremen und seine Umschlagseinrichtungen. Wirtschaftskorrespondent 1960, H. 22, S. 29.
[21] Jung, H. — Bötz, K.: The Port of Bremen and its Technical Facilities. Machinery — Electrical — Exportmarkt 1960.
[22] Naß, E.: Stückgutkrane an Seeschiffskajen. VDI-Z. 94 (1952) Nr. 27.
[23] Naß, E.: Hafenwippdrehkran. VDI-Z. 97 (1955) Nr. 23.
[24] Naß, E.: Neue Stückgutkrane für die Bremer Freihäfen. Deutsche Hebe- und Fördertechnik, Juni 1960.
[25] Teßmer, F.: Gleisbildstellwerk des Bahnhofs Bremen-Zollausschluß, Hdb. für Hafenbau und Umschlagstechnik, Bd. IV, S. 243—246.
[26] Teßmer, F.: Modernisierung der Hafenbahn in Bremen seit Kriegsende, Hdb. für Hafenbau und Umschlagstechnik, Bd. VII, S. 149—153.
[27] Wiegmann, D.: Messungen an fertigen Spundwandbauwerken. Deutsche Gesellschaft für Erd- und Grundbau, Vorträge der Baugrundtagung 1953 in Hannover, S. 39—52.
[28] Wiegmann, D.: Der Erddruck auf verankerte Stahlspundwände, ermittelt auf Grund von Verformungsmessungen am Bauwerk. Mitt. der Hannoverschen Versuchsanstalt für Grund- und Wasserbau, Franzius-Institut der Technischen Hochschule Hannover, 1954, H. 5, S. 79—113.
[29] Wiegmann, D.: Bau der Hafenanlagen Mittelsbüren am rechten Ufer der Unterweser stromunterhalb des Industrie- und Handelshafens Bremen. Schiff und Hafen 1957, H. 11.
[30] Wiegmann, D.: Entwicklung der Hafenanlagen in Bremen-Stadt und die geplanten Erweiterungen auf dem linken Weserufer. Schiff und Hafen 1961, H. 4.

Die Häfen in Bremerhaven 1950 — 1963

I. Allgemeine Hafenplanung

Von Hafenbaudirektor Dipl.-Ing. Gerhard Wollin

Nach Beendigung des zweiten Weltkrieges im Mai 1945 war das erste Ziel die Beseitigung der Kriegsschäden im Gebiet der Überseehäfen und der Fischereihäfen. Diese Wiederherstellungsarbeiten waren etwa im Jahre 1950 beendet. Beide Hafengruppen waren zu diesem Zeitpunkt wieder in vollem Umfange in Betrieb. Die nächste Aufgabe bestand nunmehr darin, den weiteren Ausbau vorzunehmen und hierbei nach einer neuen Generalplanung vorzugehen. Während das Überseehafengebiet seit der Gründung Bremerhavens im Jahre 1827 von den stadtbremischen Behörden verwaltet wurde, gehörte der Fischereihafen ursprünglich zu Preußen und wurde durch eine preußische Behörde, welche zuletzt die Bezeichnung Wasserstraßen-Hafenamt trug, ausgebaut. Nachdem das Fischereihafengebiet durch das Gesetz Nr. 46 des alliierten Kontrollrates vom 25. 2. 1947 vom Lande Bremen übernommen wurde, werden die beiden Hafengruppen Überseehafen und Fischereihafen nunmehr gemeinsam durch das Hansestadt Bremische Amt Bremerhaven verwaltet, welches dem Senator für Häfen, Schiffahrt und Verkehr in Bremen unterstellt ist. Hierbei ist das Überseehafengebiet kommunalpolitisch traditionsgemäß ein Gebietsteil der Stadtgemeinde Bremen. Das Fischereihafengebiet dagegen gehört zum Land Bremen und kommunalpolitisch zum Magistrat der Stadtgemeinde Bremerhaven.

Die letzte große Erweiterung der Überseehäfen erfolgte im Jahre 1904, während das Fischereihafengebiet durch Preußen im Jahre 1921 großzügig erweitert wurde. Auf dem Lageplan Abb. 1 sind diese Gebietsänderungen mit der damaligen Planung dargestellt.

In beiden Häfen hat dann die Deutsche Wehrmacht erhebliche Gebietsteile durch Kauf bzw. Erbbauvertrag unmittelbar vor dem zweiten Weltkrieg übernommen. Diese später in Bundeseigentum bzw. Bundesverwaltung übergegangenen Flächen im Bereich des Flugplatzes Weddewarden im Norden und des Lunesiels im Süden haben bis heute eine endgültige Generalplanung verhindert.

Lageplan Abb. 2 gibt einen Überblick über die Rahmenplanung des Jahres 1963, wobei deren Verwirklichung immer noch von der Bereinigung dieser Grundstücksfragen abhängig ist.

Die folgenden Arbeiten im Überseehafen konnten in den letzten Jahren durchgeführt werden: Erweiterung des Columbusbahnhofs nach Norden um die Fahrgastanlage II sowie Verlängerung der Columbuskaje nach Norden um einen weiteren Liegeplatz; weiterhin Ausbau einer Erzumschlagsanlage durch Herstellung des vom Wendebecken abzweigenden Erz-Hafens und der jenseits des Bahnhofs Kaiserhafen angelegten Erzlagerplätze und Erzbahnhofanlagen. Vom ehemaligen Bundesgelände konnte bisher nur der Nordhafen übernommen und zunächst dem Freiumschlag nutzbar gemacht werden. Die weitere Planung sieht eine Ausweitung auf das Außendeichsgelände nördlich der Nordschleuse mit Stromkaje vor, während das ehemalige Flugplatzgelände, welches durch die amerikanische Besatzungsmacht genutzt wird, nicht einbezogen ist. Schließlich ist noch die Verlängerung des Kaiserhafens II möglich. Für alle Planungen ist die Neuordnung der Eisenbahnanlagen Voraussetzung, für die ein besonderer Rahmenplan in Arbeit ist.

Im Fischereihafengebiet wird eine Ausweitung nach Süden, ausgehend von den bisher bebauten Flächen, angestrebt. Hierbei bleibt das nahe gelegene Gelände fischereigebundenen Firmen vorbehalten, während die weiteren Großflächen, einschließlich der auf niedersächsischem Gebiet liegenden Luneplate, für die Ansiedlung allgemeiner Industrien in Frage kommen. Eine gemeinsame Planung mit den niedersächsischen Behörden ist im Aufbau begriffen. Die Voraussetzung ist, daß das am Lunesiel gelegene Bundesgelände für die zivile Nutzung zurückgegeben und in die Planung einbezogen wird. Auf diesem Gelände würde u. a. eine zweite Seeschleuse für das Fischereihafengebiet und für die neuen Industriegebiete gebaut werden können, die bereits in den zwanziger Jahren von preußischer Seite eingeplant wurde.

Die Baumaßnahmen für den Fischereihafen in den letzten Jahren erstreckten sich auf die Herrichtung von rd. 750 m neuer Kaje, auf die Erschließung zukünftigen Industriegeländes durch Aufspülung und Herstellung der Kanalisation, von Straßenbauten usw. Infolge der Umstellung der Hochseefischerei vom Fischdampfer alter Bauart, dessen Ware als Frischfisch angelandet und versteigert wird, zum modernen Heckfänger, der einen Großteil seines Fanges in Tiefgefrieranlagen einfriert, mußten entsprechende Kühlhäuser errichtet und der Wirtschaft zur Verfügung gestellt werden. Die Ansiedlung von fischverarbeitenden Industrien auf dem Erweiterungsgelände wurde durch den Bau von sechs neuen Hallen staatlicherseits gefördert, während private Fischereifirmen erheb-

Allgemeine Hafenplanung 175

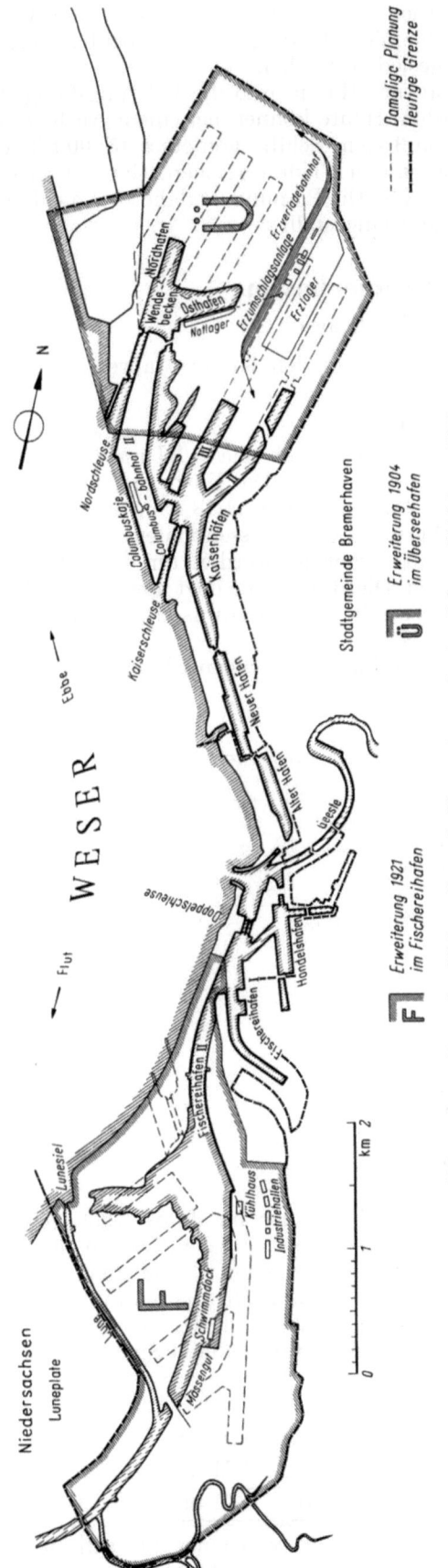

Abb. 1. Ausweitung der Hafenanlagen in Bremerhaven in den Jahren 1904 bzw. 1921.

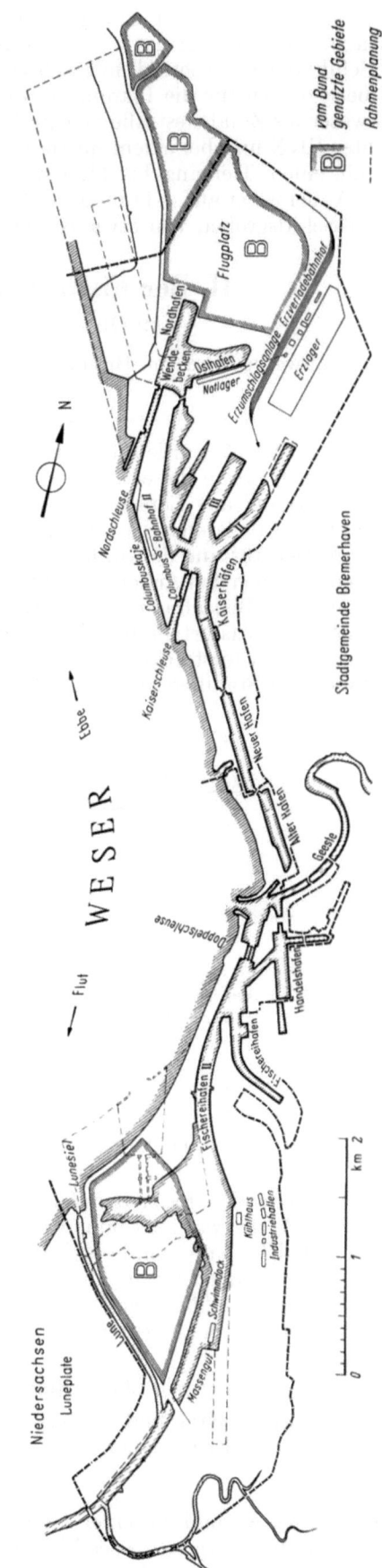

Abb. 2. Ausweitung der Hafenanlagen in Bremerhaven; Planung 1963.

liche Investitionen in eigenen Erweiterungsanlagen vornehmen. Weiterhin konnten Industrien mit Massengutumschlag für den örtlichen Bedarf, für die Verarbeitung von Straßenbaustoffen sowie ein Schiffsreparaturbetrieb mit Schwimmdock angesiedelt werden.

Allen Überlegungen für die Planung in den Bremerhavener Häfen muß die Leistungsfähigkeit der Außenweser als Zufahrtsstraße zugrunde gelegt werden. Heute können bei einem Ausbau auf 10,00 m unter SKN und bei einem mittleren Tidehub von 3,40 m Schiffe von etwa 45 000 t Tragfähigkeit mit einem Tiefgang bis 11,50 m Bremerhaven in einer Tide erreichen. Geplant ist der Ausbau der Außenweser auf −11,00 bis −12,00 m unter SKN. Die Planung ist daher auf die damit erreichbaren Schiffsgrößen von etwa 70 000 t Tragfähigkeit eingestellt.

II. Der Fischereihafen in Bremerhaven

Von Oberbaurat Dipl.-Ing. Heinz Eckert

Folgende Bauwerke sind im Bremerhavener Fischereihafen in den letzten Jahren errichten worden:

1. Ufereinfassungen

In den Jahren 1956/57 wurde die Ufermauer südlich der Versteigerungshalle XI um 550 m verlängert. Die Konstruktion dieser Uferstrecke ist in Abb. 3 dargestellt. Die Uferwand besteht aus einer Stahlspundwand aus Larssenbohlen Profil IV neu, Bohlenlänge 17,2/18,2 m, die mit etwa 25 m langen Stahlkabelankern ⌀ 38 mm an einer Ankerwand aus Larssenbohlen Profil II neu verankert sind. Der Abstand der Stahlkabelanker mit 3,2 m ist gewählt worden, um die Rammung von Gebäuden zwischen den Ankern durchführen zu können. Die Hafensohle liegt hier auf −4,40 m SKN und kann bei Bedarf um 1 m vertieft werden. Der mittlere Hafenwasserstand liegt auf +3,30 m SKN. Die Wassertiefe beträgt somit 7,7 m bzw. 8,7 m.

Die Kosten dieser Uferstrecke ohne Baggerung und Hinterfüllung betrugen rd. 4200,— DM/m. Davon entfallen auf Stahllieferungen rd. 72%.

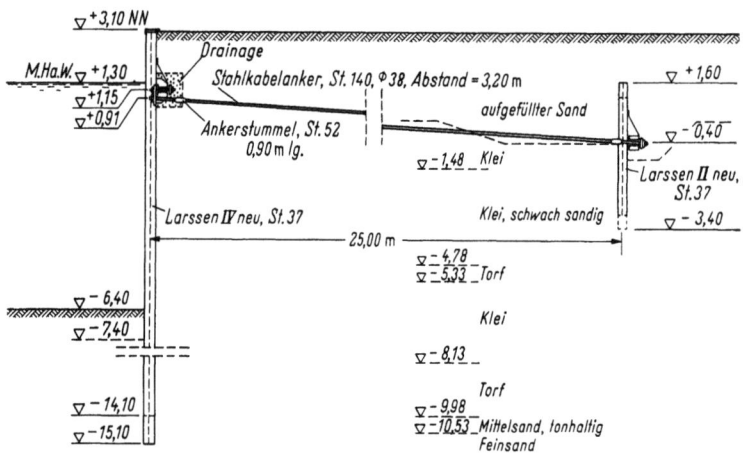

Abb. 3. Ufermauer südlich der Versteigerungshalle XI.

Auf der Westseite des Fischereihafens II wurden 220 m Ufermauer im Jahre 1959 gebaut (s. Abb. 4). Diese Mauer war als Spundwandkonstruktion ausgeschrieben worden. Die Ausführung erfolgte jedoch als Ufermauer auf hohem Pfahlrost aus Stahlbetonpfählen auf Grund eines Sonderangebotes der ausführenden Firma. Die vorne liegende Spundwand aus Profil Hoesch IV wird zum Tragen der Betonschürze herangezogen. Die Stahlbetonpfähle, System Ph. Holzmann, wurden auf Grund von Probebelastungen mit 70 t/Pfahl auf Druck, die Stahlpfähle PSp 30 mit etwa 90 t/Pfahl auf Zug belastet.

Die Kosten dieser Ufermauer ohne Baggerarbeiten betrugen:

Erdarbeiten und Hinterfüllung	1360,— DM/m
Winkelstützmauer	4450,— DM/m
	5810,— DM/m.

Eine interessante Ausbildung einer Uferstrecke wurde Ende 1963 von einer Privatfirma am Südende des Erweiterungsgebietes des Fischereihafens II errichtet. Da hinter der Uferwand Schüttgüter mit einer Belastung von 12 t/qm gelagert werden sollen, hat man eine Konstruktion nach

Abb. 5 gewählt. Die Umschlaganlage hat eine Grundfläche von etwa 45 × 51 m. Die Stahlbetongrundplatte für eine Schütthöhe bis zu 8 m ist auf Stahlbetonpfählen (Frankipfählen) gegründet. An Land- und Wasserseite sind Fundamentbalken zur Aufnahme einer Verladebrücke mit Raddrücken von 8 × 25 t auf jeder Seite vorgesehen. Diese Balken sind auf Stahlbetonbohrpfeilern der Firma Frankipfahl-Baugesellschaft gegründet. Die landseitige Bohrpfeilerreihe erhält mit Rücksicht auf die hinter der Anlage geplanten Schüttlasten eine Vorspannbewehrung. An der Wasserseite soll ein Plattenstreifen für den Fahrzeugverkehr als Silostraße genutzt werden.

2. Maßnahmen zur Erschließung von Industriegelände

Auf Grund von erhöhten Anforderungen in hygienischer Hinsicht ist der Wasserverbrauch der Fischindustriebetriebe in den letzten Jahren erheblich angestiegen. Das 1924 angelegte Kanalisationsnetz (Trennkanalisation) war diesem vermehrten Anfall von Schmutzwasser nicht mehr gewachsen und mußte vergrößert werden. Auf Grund eines von Professor Kehr, Technische Hochschule Hannover, aufgestellten Kanalisationsentwurfs wurde ein neuer Schmutzwasserhauptsammler mit einer Gesamtlänge von 1641 m im Fischereihafen neu verlegt. Dieser Sammler hat Durchmesser von 1,50 m — 1,40 m und dient bei plötzlich einsetzendem, hohem Schmutzwasseranfall als Rückhaltebecken. Die Kosten dieses Schmutzwassersammlers, der auf rd. 75% der Länge wegen der schlechten Bodenverhältnisse auf Holzpfählen gegründet werden mußte, betrugen etwa 1700,— DM/m.

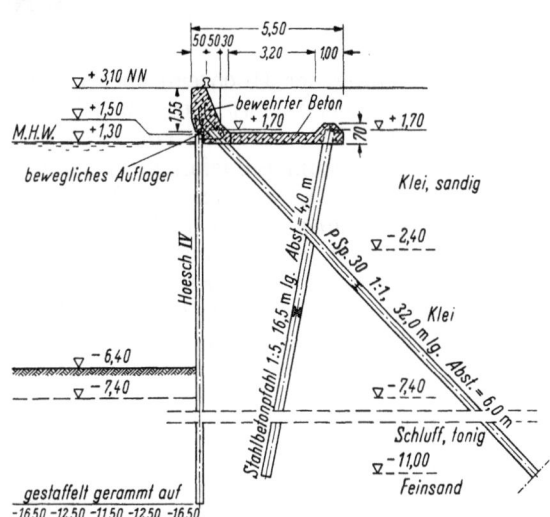

Abb. 4. Ufermauer, Westseite (Fischereihafen II).

Auf der gerammten Strecke wurden Betonrohre in Längen von 5 m und auf der nicht gerammten Strecke in Längen von 3 m verwendet. Zum Schutz gegen die betonzerstörenden Einflüsse im Abwasser wurde nach eingehenden Überlegungen ein viermaliger Spezial-Innenanstrich mit Inertol I gewählt.

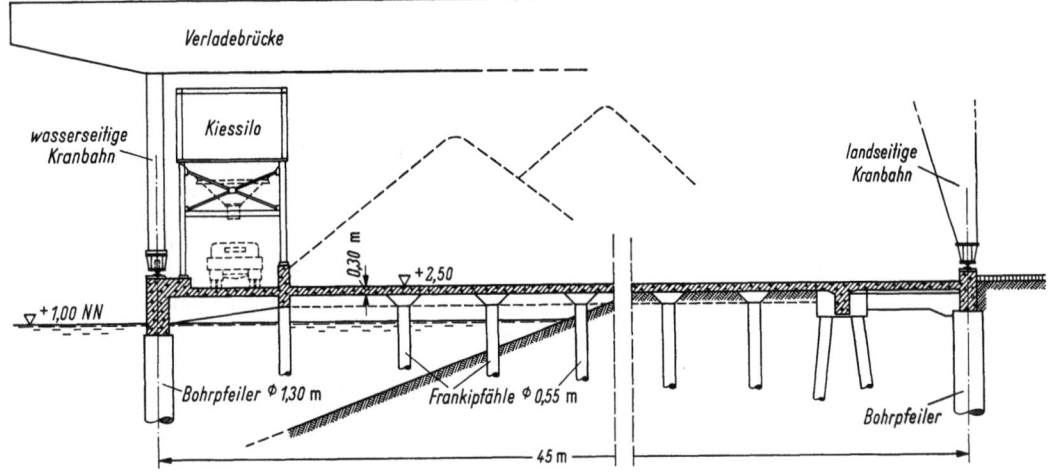

Abb. 5. Uferwand für Schüttgüter.

Im Erweiterungsgebiet am Südende des Fischereihafens II wurde Industriegelände aufgespült. Hier siedeln sich zur Zeit verschiedene Firmen an. An dem Kopf zwischen den beiden Hafenbecken wird die Tauchgrube für den Liegeplatz eines Schwimmdocks der Aktiengesellschaft „Weser", Werk Seebeck, gebaggert. Das Schwimmdock trägt etwa 8000 t, d.h. Schiffe mit etwa 18000 t Tragfähigkeit werden hier docken können. Die zu dockenden Schiffe mit einer Länge von etwa 150 m und etwa 20 m Breite werden, bis eine neue Schleuse gebaut ist, durch sogenannte Dockschleusungen bei ausgespiegeltem Wasserstand vor und hinter der Schleuse eingeschleust.

Der Anschluß des Fischereihafens an das städtische Straßennetz und an die nach Bremen und in das Autobahnnetz führende Bundesstraße B 6 wurde durch den Bau der Straße „Am Lunedeich" zunächst in 7,5 m Breite erreicht. Die Verbreiterung dieser Straße auf 16 m ist vorgesehen. Zu beiden Seiten dieser Straße stehen etwa 1 000 000 qm Gelände für die Ansiedlung von Firmen zur Verfügung.

3. Hochbauten

3.1 Kühlhäuser

Die Umstellung der Hochseefischerei vom Fischdampfer, dessen Ware in den Auktionshallen angelandet und versteigert wird, zum Heckfänger, der einen großen Teil seines Fanges auf See filetiert und bei Temperaturen von −30 °C einfriert, zwang zu Überlegungen, wie der Bedarf an gekühltem Lagerraum aufgefangen werden kann. 1959 begann die Planung der Schaffung von Tiefkühllagerraum. Es wurden zwei Projekte aufgestellt, die eine sofortige kleinere und eine spätere umfangreiche Lösung vorsahen: Zunächst Einbau von drei Tiefkühlräumen in der Versteigerungshalle XI und anschließend Neubau eines kajennahen Kühlhauses.

Am Südende der Versteigerungshalle XI waren zwei Krane von 1,5 t Tragfähigkeit zum Löschen von Importware, Salzfisch usw. vorhanden. Hier wurden im ganzen etwa 45 m von der 328 m langen Halle abgetrennt und zu einem Tiefkühllager ausgebaut.

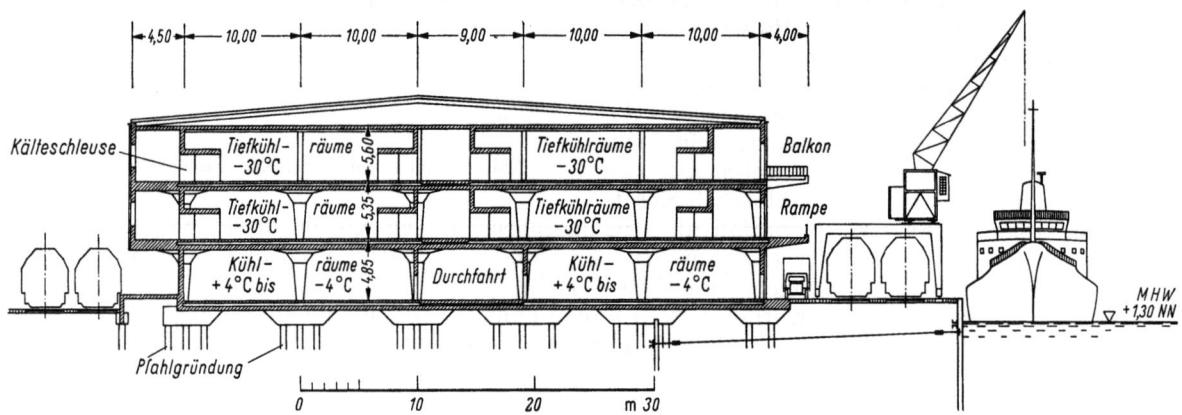

Abb. 6. Querschnitt des Kühlhauses (Fischereihafen II).

Die drei Tiefkühlräume haben eine Grundfläche von zusammen 483 qm. Die Belastung der Räume ist mit 2 t/qm angenommen worden. Die Betriebstemperatur der Räume beträgt −30 °C.

Die Kühlräume wurden am 1. März 1961 in Betrieb genommen.

Für das Projekt des hafennahen Kühlhauses bot sich das Erweiterungsgelände südlich der Versteigerungshalle XI an. Hier wurde bereits 1957 vorsorglich eine 550 m lange Spundwand-Ufermauer mit 8,70 m Wassertiefe errichtet. Für das Kühlhaus ist hinter der Kaje eine Grundfläche von 270 × 56 m vorgesehen, die aber zunächst nicht in vollem Umfange bebaut wird.

An der Wasserseite des Kühlhauses ist eine Kajenbreite von 16,70 m gewählt worden, bei der zwei eingepflasterte Eisenbahngleise und eine Straßenspur angeordnet werden (s. Abb. 6). Hierbei kann das Gut sowohl direkt auf Bahn oder auf Lkw verladen als auch mit zwei Löschkranen von je 1,5 t Tragfähigkeit auf die Rampen der Obergeschosse abgesetzt werden. Auf der Landseite ist ebenfalls Gleis- und Straßenanschluß sowie eine großzügige Parkfläche vorgesehen. Der Mittelteil des Gesamtblocks ist das Herz der Anlage, in dem Maschinenanlage, Aufzüge, Sozialräume, Büros, Verarbeitungsräume usw. untergebracht sind. Nach beiden Seiten werden sich an den Mittelteil die Lagerräume anschließen.

Im ersten Bauabschnitt ist der Mittelteil in einer Länge von 26 m errichtet worden und zunächst nur nach Norden durch einen 61,2 m langen Lagerteil mit Erdgeschoß und zwei Obergeschossen ergänzt worden. Die Tiefe beträgt etwa 54 m.

Im Erdgeschoß stehen 2300 qm Kühlräume mit einer Temperatur von −4 °C bis +4 °C für Halbfabrikate usw. für die fischverarbeitende Industrie zur Verfügung.

Das erste Obergeschoß enthält 2000 qm, das zweite Obergeschoß 2300 qm Tiefkühllagerflächen bei Betriebstemperaturen von −30 °C.

Die Decken sind für eine Belastung von 2 t/qm berechnet worden. Die Tiefkühlräume sind überwiegend mit beweglicher, zum geringen Teil mit stiller und beweglicher Kühlung ausgestattet.

Das Gebäude ist auf Frankipfählen gegründet. Die Stahlbetondecken sind als Pilzdecken ausgebildet mit einer Spannweite von 10 m.

Der Ausbau der noch freien Erweiterungsflächen nach Süden und Norden kann der weiteren Entwicklung auf dem Tiefkühlsektor angepaßt werden.

3.2 Bau von Industriehallen

Zur Förderung der Fischindustrie werden im Bremerhavener Fischereihafen Industriehallen errichtet, in denen Bremerhavener und auswärtige Firmen untergebracht werden, die sich in den verschiedenen Sparten der Fischwirtschaft und Fischverarbeitung industriell betätigen. In erster Linie sind hierbei Firmen berücksichtigt, die ihre Anlagen erweitern müssen, da die alten Anlagen nicht mehr ausreichen. Gleichzeitig wird die erforderliche Modernisierung und Rationalisierung der Betriebe durchgeführt. Nach Einzug dieser Firmen in die neuen Hallen können die jetzigen Betriebsstätten modernisiert und zur Zusammenlegung und Aufstockung weiterer Betriebe verwandt werden.

Zwecks Einsparung von Baukosten und rationellerem Einsatz der an Facharbeitermangel leidenden Bauindustrie sowie Einsparung an Planungskosten wird an der Straße „Am Lunedeich" ein Hallentyp mit gleichem Querschnitt und gleichen Spannweiten errichtet. Es ist ein einheitlicher Querschnitt entwickelt worden, der unter Verwendung möglichst vieler gleichartiger, vorgefertigter Bauteile erstellt ist. Er besteht aus einem 10 m breiten zweigeschossigen Teil an der Straße und

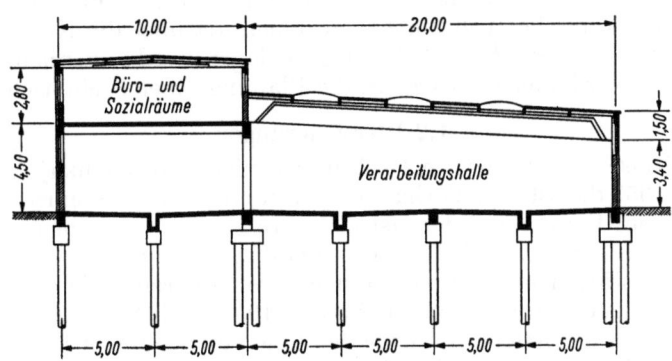

Abb. 7. Querschnitt der Industriehallen (Fischereihafen).

einem 20 m breiten eingeschossigen Verarbeitungsbau an der Hofseite. Der Stützenabstand in Längsrichtung beträgt 7,50 m. Der eingeschossige Teil ist auf ganzer Hallenlänge stützenfrei. Spätere Änderungen an den Einbauten infolge verändertem Betriebsablauf oder neuer Maschinen sind daher ohne weiteres möglich. Der Fußboden wird wegen des schlechten Untergrundes freitragend gespannt, um spätere Betriebsstörungen durch Sackungen zu verhindern (s. Abb. 7).

Im Obergeschoß des zweigeschossigen Teiles werden die erforderlichen Sozial- und Büroräume untergebracht. Auch dieses Geschoß ist stützenfrei, um Umbauten zu ermöglichen.

An der „Wittlingstraße" wird ein weiterer Betrieb angesiedelt. Dieser mußte wegen der Geländeverhältnisse andere Abmessungen erhalten. Sein Querschnitt besteht aus einem zweigeschossigen, 20 m breiten, und einem eingeschossigen, 30 m breiten Teil. Für den zweigeschossigen Trakt können jedoch die Konstruktionselemente des 20 m breiten Teiles der Hallen an der Straße „Am Lunedeich" weitgehend verwendet werden.

3.3 Verwaltung, Sozialgebäude, Forschung

Die Fischereihafen-Betriebsgesellschaft mbH ist im Jahre 1954 in der Nähe des Fischversandbahnhofs im Mittelpunkt des Fischereihafens in einem Neubau untergebracht worden. Hier wurden neben Büro- und Sitzungszimmer Räume für die Fischwerbung vorgesehen, in denen Vorträge und Filmvorführungen stattfinden.

Im Bau ist ferner ein Sozial- und Betriebsgebäude, daß den bei der Fischereihafen-Betriebsgesellschaft mbH beschäftigten Fischlöschern als Unterkunft dienen soll. Der Neubau liegt in der Nähe des Verwaltungsgebäudes der Fischereihafen-Betriebsgesellschaft zentral zu den drei Versteigerungshallen X, XI und XV als den Arbeitseinsatzpunkten der Fischlöscher. Hier stehen ausreichend Parkplätze zur Verfügung. Der Bau wird Umkleide-, Wasch- und Duschräume sowie einige Betriebsbüros, Bibliothek usw. enthalten. Ferner sind Trockenräume vorgesehen, in denen das nasse Arbeitszeug getrocknet wird. Ein Aufenthaltsraum wird 300 Sitzplätze enthalten.

Das Institut für Meeresforschung, das Grundlagenforschung für die Fischerei betreibt, wird großzügig erweitert.

Zur Zeit sind sechs Forschungsabteilungen in einem ehemaligen Hafenschuppen untergebracht. Es wird ein Erweiterungsbau errichtet, der die zwei Abteilungen Lebensmittelchemie und die Abteilung Bakteriologie enthalten wird. Um arbeitsfähig zu sein, werden Laboratorien nach modernsten Gesichtspunkten eingerichtet.

Das vorhandene Gebäude soll umgebaut werden und neben den Abteilungen Zoologie, Hydrographie und Botanik die meereskundliche Schausammlung des Instituts aufnehmen.

III. Der Überseehafen in Bremerhaven

Von Oberbaurat Dipl.-Ing. W. Lüninghöner

1. Allgemeine Hafenbauten

1.1 Hafenbecken

Im Jahre 1959 wurde der Nordhafen, dessen Uferbefestigungen bereits vor dem letzten Kriege von der ehemaligen Kriegsmarine fertiggestellt worden waren, ausgebaggert und zunächst als Schiffsliegeplatz genützt. Der Nordhafen ist 325 m lang und hat eine Breite von 125 m, die Kajen sind für eine Wassertiefe von rd. 14 m ausgebaut.

1960 wurde an der Westseite des Hafenbeckens ein 20 m breiter Streifen hinter der Kaje befestigt. Hier werden Kraftwagen, Stückgut und Container umgeschlagen. Besondere Bedeutung hat der Nordhafen für die amerikanische Wehrmacht gewonnen, da über die Kaimauer an der Stirnseite Nachschubgüter im Roll-on/Roll-off Verkehr umgeschlagen werden können.

Für die Ostseite des Nordhafens wird z. Zt. die Planung einer Freiumschlagsanlage bearbeitet.

1.2 Ufersicherungen

Im Vorhafen der Kaiserschleuse wurde 1953 die westliche Vorhafenkaje in einer Länge von rd. 200 m und im Jahre 1957 die östliche Vorhafenkaje mit einer Länge von rd. 365 m verstärkt[1]. Dies war erforderlich, weil der Bauzustand der fast 60 Jahre alten Kajen sehr mangelhaft war und weil die Vorhafentiefe von rd. —8,0 m SKN für die Seeschiffe, die an der Westkaje anlegen, nicht mehr ausreichte. Bei den Verstärkungen wurden die noch brauchbaren Teile der alten Ufersicherungen mit herangezogen. Die neue Vorhafentiefe liegt auf —10,0 m SKN.

An der Westseite des Kaiserhafens II wurde die Kaje vor Schuppen 17 um 70 m auf 320 m verlängert. Hierdurch wurde ein zweiter Schiffsliegeplatz geschaffen, ergänzt auf der Landseite durch Freiumschlagsflächen mit Krananlagen. Im Bereich der Verlängerung war bereits eine Ufersicherung vorhanden, die jedoch zur Landseite hin abbog. Da die alte Wand noch voll gebrauchsfähig ist, wurde der Zwickel bis zur neuen Kajenflucht mit einer Stahlbetonplatte überbaut, die durch Stahlpfähle abgestützt wird.

1.3 Hochbauten

In den Jahren 1952 bis 1958 wurden eine Reihe von Hochbauten[2] errichtet, die besonders dem Frachtumschlag dienen und in Verbindung mit der Aufstellung von modernen Kranen bei den vorhandenen Liegeplätzen mit 11,0 m Wassertiefe die Voraussetzung für einen schnellen und leistungsfähigen Güterumschlag in Bremerhaven wesentlich verbesserten.

Ein fünfgeschossiges Betriebsgebäude für die Bremer Lagerhaus-Gesellschaft und die Schuppen F und G wurden an der Westseite des Verbindungshafens gebaut. In dem Betriebsgebäude sind außen den Büros und Sozialräumen für den Kajenbetrieb auch die Zollverwaltung und die Büros von Hafenfirmen untergebracht. Die Schuppen F und G haben eine Gesamtlänge von 320 m und eine Breite von 60 m. Sie bestehen aus Holzkonstruktionen, die auf einer Holzpfahlgründung stehen. Das neue Arbeitervermittlungsgebäude dient zur zentralen Vermittlung der Hafenarbeiter vom Hafenbetriebsverein und vom Arbeitsamt. Mit dem neuen Bahnhofsdienstgebäude Überseehafen wurde der Rangierfunk verbunden. Ein neues Betriebsgebäude an der Kaiserschleuse enthält die Hafenbüros für die Erhebung der Hafengebühren, die Zollabfertigung, die Hafenlotsenstelle, den Hafenfunk sowie einen automatischen Wasserstandsanzeiger. Das neue Hafengesundheitsamt und Quarantäneamt wurde im Zentrum der Hafenanlagen errichtet; es ist u. a. mit einer Desinfektionsanstalt ausgerüstet.

1962 wurde das Verwaltungsgebäude für die Güterabfertigung Bremerhaven-Kaiserhafen als dreigeschossiger Massivbau fertiggestellt. In dieser Anlage sind die bis dahin im Hafengebiet verstreut liegenden Bundesbahn-Dienststellen zusammengefaßt worden. Ein neuer Güterschuppen soll in absehbarer Zeit erstellt werden.

[1] Vgl. Handbuch für Hafenbau und Umschlagstechnik der Hafenbautechnischen Gesellschaft E. V., Bd. III u. IV: Modernisierung der Kaiserschleuse im Überseehafen Bremerhaven und die Verstärkung der Vorhafenkaje.
[2] Siehe Jahrb. HTG, Bd. 22: Neuere Hochbauten im Überseehafen Bremerhaven.

1.4 Deichanlagen

Bei der Sturmflut im Februar 1962 haben die vorhandenen Deiche vor den Häfen standgehalten, obwohl an zwei Stellen gefährliche Kappenstürze auf der Landseite aufgetreten sind. Der höchste Wasserstand der Weser lag am 16. 2. 1963 auf +5,35 m NN gegenüber dem bis dahin bekannten höchsten Wasserstand im Jahre 1825 auf +5,07 m NN.

Im Rahmen der Deichverstärkungen werden die Deiche im Bereich des Wellenangriffes von +6,50 m NN auf +7,90 m NN, im Bereich ohne Wellenauflauf auf +7,0 m NN erhöht. Der neue Deichquerschnitt erhält soweit möglich auf der Landseite eine Neigung 1 : 3, und an der Wasserseite oberhalb +4,80 m NN die Neigung 1 : 4, darunter die Neigung 1 : 5. Am Böschungsfuß geht die Neigung unter 1 : 15 in das Deichvorland über. Bei besonderen örtlichen Bedingungen wurden Sonderlösungen, z.B. Spundwände und Pflasterungen, ausgeführt.

Die Gesamtlänge der Deiche vor den Fischereihäfen und den Überseehäfen beträgt rd. 15 km.

2. Fahrgastanlage II

Als Ersatz für den im Jahre 1944 durch Kriegseinwirkung zerstörten alten Columbusbahnhof wurde in den Jahren 1949 bis 1952 am Südende der Columbuskaje die Passagierabfertigungsanlage I errichtet. Sie besteht aus einer hölzernen Halle am Vorhafen der Kaiserschleuse und einem zweigeschossigen Massivbau am Weser-Strom mit Personen- und Gepäckbahnsteigen.

Nach Fertigstellung dieser Fahrgastanlage I entwickelte sich der Überseereiseverkehr in Bremerhaven sehr günstig, so daß die Anlage nicht mehr ausreichte. Außerdem wurde von Seiten des Stückgutverkehrs immer mehr die Forderung erhoben, die Ladungen direkt am Strom löschen zu können, um die Zeit für das Schleusen der Schiffe in den Hafen zu sparen.

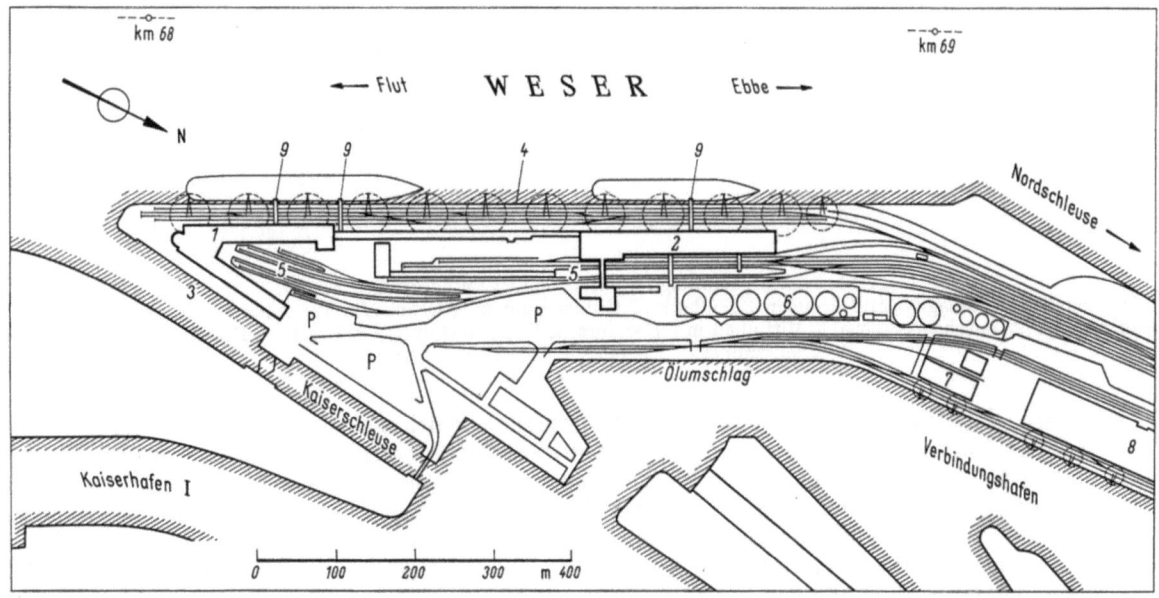

Abb. 8. Columbusbahnhof Bremerhaven.
1 Columbusbahnhof — Fahrgastanlage I (Süd); *2* Columbusbahnhof — Fahrgastanlage II (Nord); *3* Bäderkaje; *4* Columbuskaje; *5* Bahnsteig; *6* Esso-Tanklager; *7* Kühlhaus; *8* F-G-Schuppen; *9* Gangway.

Um den vorgenannten Ansprüchen gerecht zu werden, wurde etwas nördlich des früheren alten Columbusbahnhofes im Jahre 1958 mit dem Bau der Fahrgastanlage II begonnen (Abb. 8). Die Gesamtplanung für diese neue Anlage sieht ein Passagierabfertigungsgebäude von 434 m Länge für die gleichzeitige Abfertigung von zwei Passagier- bzw. zwei Frachtschiffen vor. Hiervon sind bis zum Jahre 1962 vorerst die auf der nächsten Seite genannten Gebäudeteile errichtet worden. Die aufgeführten Gebäudeteile dienen folgender Nutzung (Abb. 9). Im nördlichen Hallenflügel sind das Erdgeschoß für den Stückgutumschlag und die beiden oberen Geschosse für Passagierabfertigung vorgesehen.

Im ersten Obergeschoß ist die Gepäckhalle für die Zollabfertigung eingerichtet. Das zweite Obergeschoß enthält eine mit Tischen, Stühlen und einem Imbißstand versehene große Wartehalle für die Passagiere der 2. Kabinenklasse. Eine offene Galerie im zweiten Obergeschoß mit Sicht auf den Strom ermöglicht den Begleitern der Passagiere die Kontaktaufnahme mit dem an der Kaje liegenden Schiff.

Im Mittelbau sind im Erdgeschoß Geschäftsräume für den Kajenbetrieb untergebracht. Das erste und zweite Obergeschoß mit einem Wartesaal für die Passagiere I. Klasse dient der Passagierabfertigung. Für Zuschauer ist im vierten Geschoß eine verglaste Halle mit einer anschließenden offenen Galerie vorhanden. Im obersten Geschoß dieses Gebäudeteiles ist ein öffentliches Restaurant mit Aussicht zur Weser eingerichtet.

	Länge (m)	Breite (m)	Etagen
Nördliches Kopfende	21,0	30,0	3
Nördlicher Hallenflügel	168,0	30,0	3
Mittelbau	56,0	38,0	5
Bahnsteig	280,0	11,10	
Eingangshalle (Landseite)	26,85	15,20	1
Verbindungsbrücken und Tunnel	30,0	7,0	
Bürogebäude	28,72	13,8	5
Parkplätze	200,0	45,0	= 9000 m²

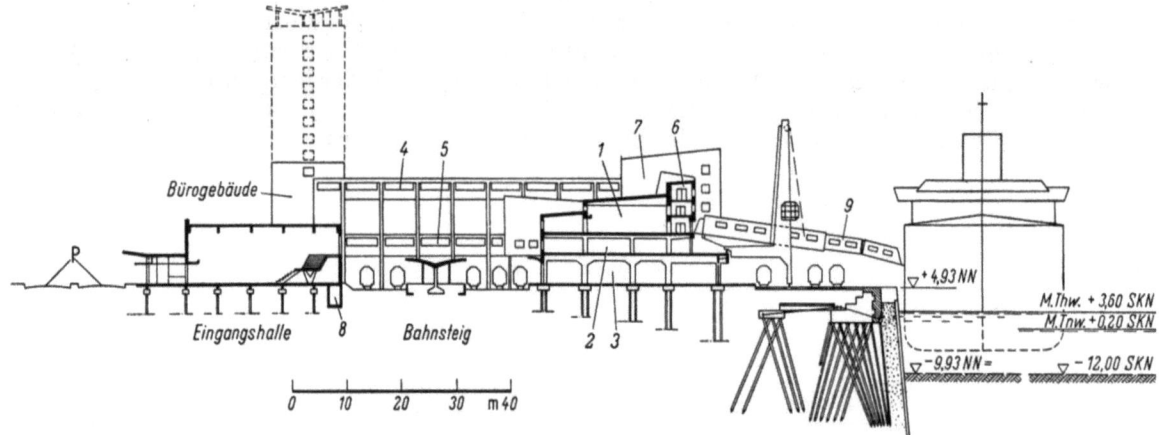

Abb. 9. Fahrgastanlage II, Querschnitt im nördlichen Flügel.
1 Wartehalle für Passagiere und Abholer; *2* Zollhalle; *3* Güterschuppen; *4* Brücke für Zuschauer; *5* Brücke für Passagiere und Abholer; *6* Zuschauergalerie; *7* Mittelbau mit Restaurant, Post, Auskunft, Geldwechsel, Reisebüro, Blumen; *8* Betriebstunnel — Eingang; *9* Teleskop — Gangway.

Ein Bürogebäude auf der Landseite enthält Räume für Speditionsfirmen, Hafeninteressenten usw.

Sämtliche Gebäudeteile sind in einer Stahlbeton-Skelettkonstruktion mit hochgradig statisch unbestimmten Rahmensystemen und zwischengespannten Massiv- bzw. Rippen-Decken ausgeführt. Da der tragfähige Baugrund rd. 20 m unter der Geländeoberfläche liegt, wurden die Gebäude auf Pfählen, die in den tragfähigen Boden reichen, gegründet. Insgesamt wurden hierfür 780 Stück Vibropfähle eingebaut, die für eine Belastung von 130 t/Pfahl ausgebildet wurden.

Die Bahnsteigüberdachung wurde flach gegründet. Sie besteht aus einem symmetrisch nach beiden Seiten auskragenden, einstieligen, vorgespannten Schalendach aus Stahlbeton.

Als Verbindung zum Passagierschiff zur Abfertigungsanlage ist ein neuer geschlossener Landesteg in Stahlkonstruktion aufgestellt worden (siehe V. 3. Abb. 16 u. 17).

Die Beheizung der Gebäudeteile erfolgt von einer zentralen Heizkesselanlage mit Ölfeuerung, die im Keller der Bürogebäude untergebracht ist. Elf Aufzüge und vier Rolltreppen sind für die Beförderung von Gepäck und Personen eingebaut.

An Passagieren, Begleitern und Zuschauern können in der Anlage zu gleicher Zeit 5000 bis 6000 Personen aufgenommen werden.

Die Baukosten betragen für alle Hochbauten einschließlich der Innenausbauten, sowie für Tiefbauten, Gleisanlagen und Landesteg insgesamt rd. 23,0 Mio DM.

3. Ausbau Nordende Columbuskaje

3.1 Allgemeines

Der Vorhafen der Nordschleuse hatte bisher zur Weser hin eine sehr große Mündungsbreite. Diese Form des Vorhafens entstand durch die Herstellung der Columbuskaje und der Nordschleuse in zwei zeitlich getrennten Bauabschnitten in den Jahren 1924 bzw. 1930. Die endgültige Achse der Nordschleuse und des Vorhafens wurde auf Grund weiterer Untersuchungen nach Norden verschoben, wobei die östliche Vorhafenwand an den vorhandenen Abschluß der Columbuskaje in Richtung Nordschleuse anschloß.

Durch die große Einfahrtsbreite von rd. 400 m ergaben sich bei Flut und Ebbe ungünstige Strömungsverhältnisse im Vorhafen. Außer dem normalen Wasseraustausch durch den Tide-Effekt bildeten sich große Wasserwalzen durch die Strömung, die fast bis zum Schleusentor reichten. Diese führten zu ungünstigen Bodenablagerungen und erschwerten das Einfahren der Schiffe bei ablaufendem Wasser.

3.2 Planung

Die möglichen Baumaßnahmen zur Verbesserung der Strömungsverhältnisse im Vorhafen der Nordschleuse wurden im Franziusinstitut der Technischen Hochschule Hannover im Jahre 1961 eingehend untersucht.

Maßgebend für die Ablagerungen sind der Tide-Effekt, der Dichte-Effekt und der Strömungs-Effekt. Durch bauliche Maßnahmen kann der Strömungs-Effekt beeinflußt werden. Der Einfluß aus dem Tide-Effekt reduziert sich bei Verbauung der Mündungsfläche. Bei den entsprechenden Untersuchungen sind die nautischen Erfordernisse beachtet worden.

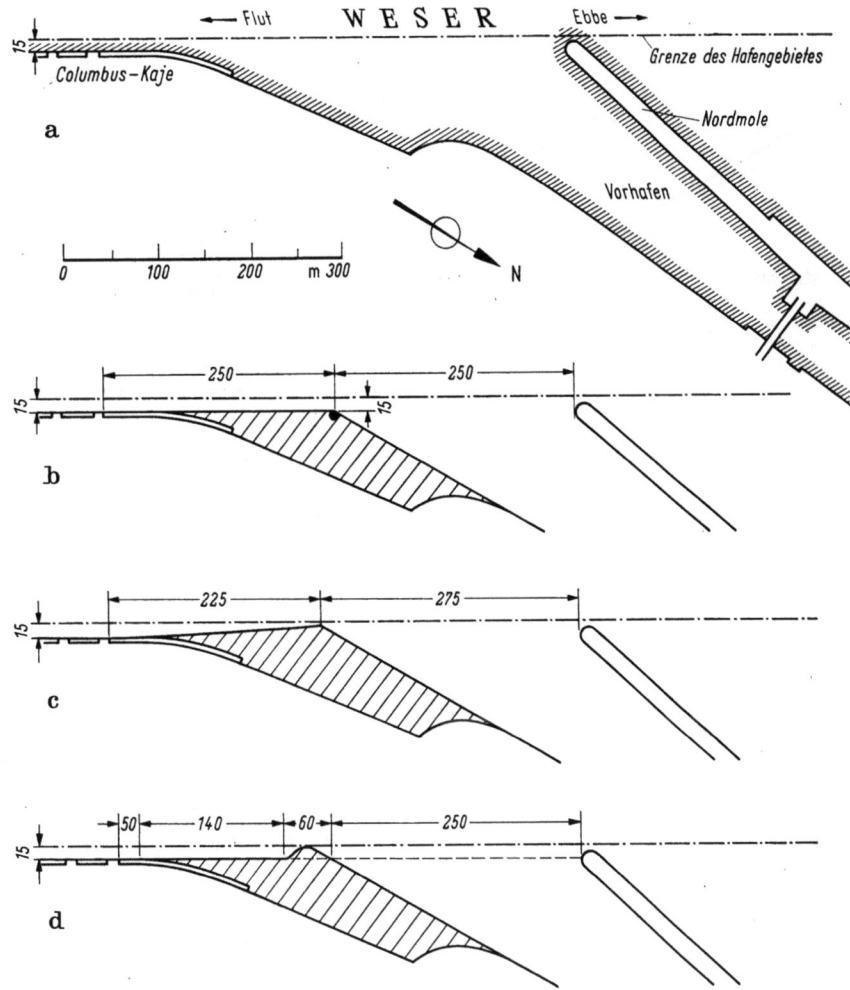

Abb. 10 a—d. Einfahrt in den Vorhafen der Nordschleuse.
a) Bestehender Zustand; b) nach Modellversuchen günstiger hydraulischer Ausbauzustand; c) nach Modellversuchen günstiger hydraulischer und nautischer Ausbauzustand; d) vorgesehener Ausbau unter Berücksichtigung der Anlegemöglichkeiten am Nordende der Columbuskaje.

Die Untersuchung von zehn verschiedenen Ausbaumöglichkeiten der Vorhafenmündung ergab für die Ausbauzustände nach Abb. 10b und Abb. 10c die günstigsten hydraulischen Verhältnisse. Für die schiffahrtstechnischen Belange ist der Ausbau nach Abb. 10c der günstigere, da hier die bei Ebbestrom einlaufenden Schiffe mittlerer Größe sehr schnell im Stromschatten in ruhigeres Fahrwasser gelangen.

Um die Anlegemöglichkeit an der Columbuskaje möglichst günstig zu gestalten, wurde für den geplanten Ausbau die Linienführung nach Abb. 10c geringfügig abgewandelt. Nach Abb. 10d wird die Columbuskaje geradlinig um 140 m verlängert und geht dann in Gestalt eines Molenkopfes in die neue östliche Vorhafenwand über. Damit beträgt die neue nutzbare Gesamtlänge der Columbuskaje rd. 1040 m.

3.3 Entwurfsbearbeitung

Um die hydraulischen Bedingungen beim Verbau der Vorhafenmündung zu erfüllen, war eine neue geschlossene Uferwand zur Weser hin erforderlich. Die Oberkante des neuen Bauwerkes liegt in Höhe der Columbuskaje auf +4,93 m NN. Die Hafensohlen wurden im Anschluß an die Columbuskaje auf −15,57 m NN, am Molenkopf unter Berücksichtigung evtl. Auskolkungen auf −17,07 m NN und im Bereich des Vorhafens auf −13,07 m NN festgelegt. Neben der normalen Kajenausrüstung wird auf dem Molenkopf ein 250 t-Poller eingebaut.

Die Baugrundverhältnisse im Bereich der neuen Kaje wurden durch Bohrungen untersucht. Dabei ergab sich, daß unterhalb −18 bis −19 m NN Tonboden (Lauenburger Ton) ansteht; darüber liegt 3 m bis 4 m gewachsener Sandboden, der bis zur bisherigen Böschungslinie mit Schlick und Klei überdeckt war.

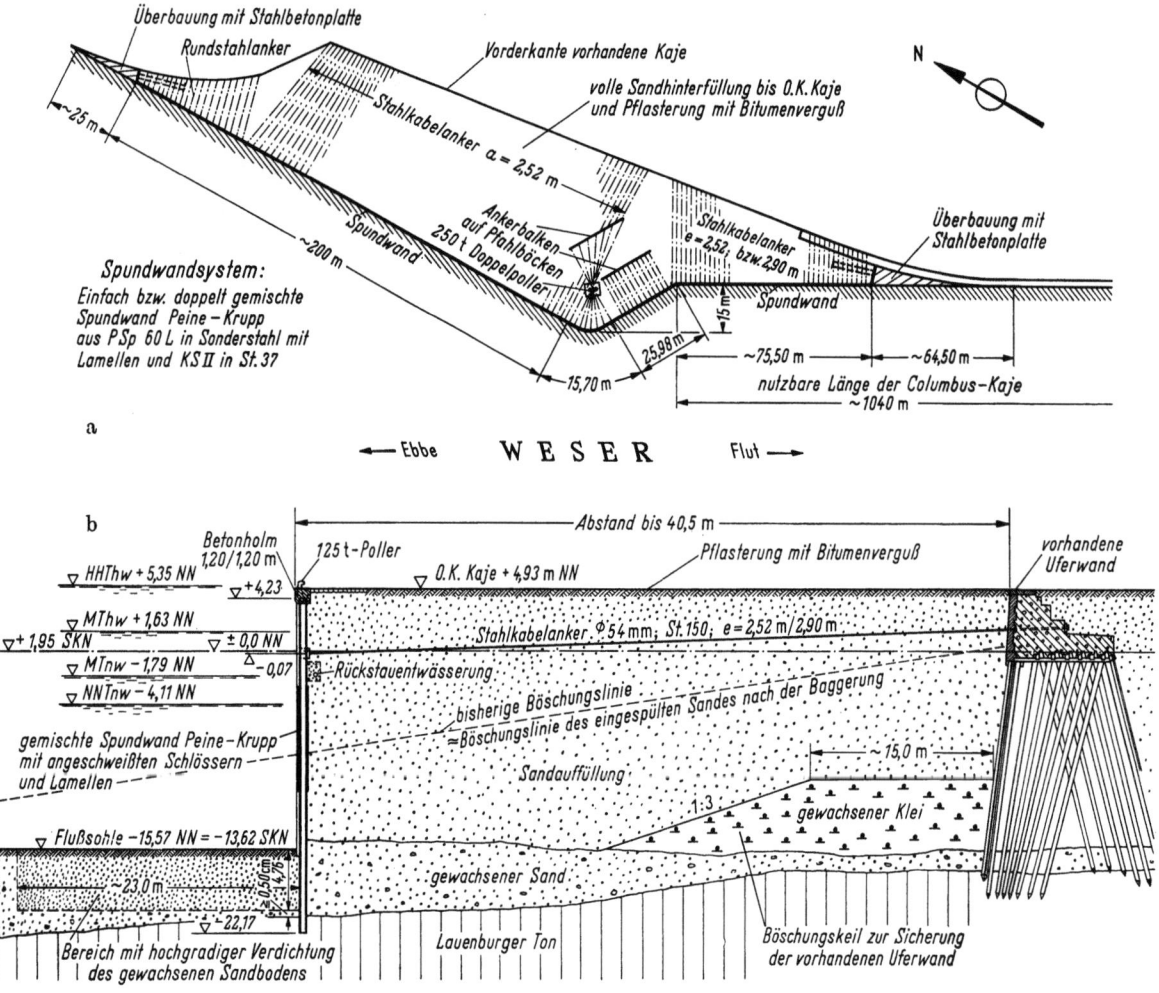

Abb. 11 a u. b. Ausbau Nordende Columbuskaje.
a) Darstellung der neuen Uferwand mit Verankerung; b) Querschnitt der neuen Uferbefestigung im Anschluß an die vorhandene Columbuskaje.

Für die neue Uferwand wurde nach Gegenüberstellung verschiedener Querschnitte die wirtschaftlichste Lösung gewählt (Abb. 11a u. b). Im Bereich des passiven und aktiven Erddruckes wird der über dem gewachsenen Sand anstehende Kleiboden weggebaggert und durch Sandboden ersetzt. Vor der alten Uferwand muß hierbei ein entsprechender Kleikeil stehenbleiben, um deren Standsicherheit nicht zu gefährden. Sowohl der aufgefüllte als auch der gewachsene Sand vor der neuen Uferwand wird unterhalb der späteren Flußsohle bis 0,5 m über der Tonschicht durch Tiefenrüttler hochgradig verdichtet. Die neue Uferwand wird voll mit Sandboden hinterfüllt. Evtl. Schlickablagerungen müssen vorher entfernt werden.

Als Spundwandsystem wird eine gemischte Wand aus Peiner- und Kruppbohlen eingebaut, deren Verbindungsschlösser an die Tragbohlen angeschweißt sind. Entsprechend den statischen Erfordernissen werden Lamellen auf die einfachen bzw. doppelten Tragpfähle aufgeschweißt. Die Sicherung der Spundwand nach dem Einbau gegen stromseitigen Wellenschlag und evtl. Erddrücke von der Landseite her durch Sandverspülungen vor der Spundwand infolge der Strömung erfolgt durch schräg gerammte Holzpfähle mit einer Hilfsgurtung. Die Oberkante der Spundwand liegt auf +4,23 m NN. Den oberen Abschluß bildet ein Stahlbetonholm mit der Oberkante auf +4,93 m NN. Im Übergangsbereich zur vorhandenen Columbuskaje und zur vorhandenen östlichen Vorhafenwand wird der Zwickel mit einer Betonplatte überbaut.

Die Verankerung der neuen Wand erfolgt im Hauptbereich mittels Rundstahl- und Kabelankern an der Stahlbetonrostplatte der alten Uferwand. Der Molenbereich wird an zwei Ankerbalken verankert, die auf Pfahlböcken gegründet sind. Für die Flügelwände werden Stahlbetonplatten in die Sandauffüllung eingebaut.

Der 250 t-Poller wird flach gegründet und durch Anker an die alte Wand bzw. an Stahlbetonankerplatten angeschlossen.

4. Erzumschlagsanlage Bremerhaven

4.1 Allgemeines

Die Erzverladeanlage Bremerhaven wurde von der Firma Klöckner-Werke AG, Duisburg, als öffentliche Umschlagsanlage für den Betrieb durch die Weserport-Umschlagsgesellschaft m.b.H. in Bremerhaven gebaut. Das Land Bremen stellt hierfür im Bereich des Überseehafengebietes ein Hafenbecken mit Kaianlagen und Schiffsliegeplätzen sowie die erforderlichen Flächen für die Verkehrsanlagen und Erzlager und die Zufahrtsstraßen zur Verfügung. Von der Firma Klöckner-Werke AG wurden alle erforderlichen baulichen und maschinellen Anlagen einschließlich der Bahnanlagen hergerichtet.

Maßgebend für die Ortswahl der Erzumschlagsanlage in Bremerhaven-Überseehafen waren die vorhandenen Zufahrtsmöglichkeiten auch für Schiffe mit großem Tiefgang. Der Überseehafen als Dockhafen wird durch die Nordschleuse mit der Weser verbunden. Diese hat eine Torweite von 45 m, eine Kammerbreite von 60 m und eine Länge von 373 m, der Tordrempel liegt auf −11,0 m SKN. Bei einem mittleren Hafenwasserstand von rd. 3,0 m SKN und bei einem mittleren Tidehochwasser der Weser auf 3,60 m SKN stehen damit nach entsprechender Ausbaggerung Fahrwassertiefen bis 14 m zur Verfügung.

In der ersten Ausbaustufe der Erzumschlagsanlage wird eine Fahrwassertiefe für die Durchfahrt von Schiffen mit 12,0 m Tiefgang bei normalen Tiden gehalten. Hierfür reicht der vorhandene Ausbau der Außenweser auf −10,0 m SKN aus. Nach Ausbau der Außenweser auf 11 bis 12 m unter SKN wird mit Schiffen von etwa 70 000 bis 80 000 tdw gerechnet.

4.2 Planung

Die Erzumschlagsanlage ist im Endausbau für eine jährliche Umschlagsleistung von etwa 12 Mio Tonnen geplant (Abb. 12). Der erste Ausbau erfolgt für eine Jahresleistung von 4 bis 5 Mio Tonnen. Während der Weitertransport des Erzes zu den Hüttenwerken zunächst nur von der Bundesbahn durchgeführt wird, ist beim weiteren Ausbau der Anlage auch die Einrichtung einer Binnenschiffsbeladeanlage möglich. Für die Erzlagerung werden große Flächen benötigt, da hier bis zu 30 verschiedene Erzsorten gelagert und für die Hütten bereitgehalten werden sollen. Das Erz soll in Großraumwaggons der Bundesbahn so verladen werden, daß es direkt in die Hochofenanlagen gegeben werden kann.

Für die Entladung der Erzschiffe wird vom Wendebecken abzweigend der Erzhafen in einer Länge von 500 m und einer mittleren Breite von 140 m ausgebaggert. An der Südseite dieses Beckens liegt die Verladekaje und an der Nordseite werden sieben Festmachedalben für Schiffsliegeplätze eingebaut. In der ersten Ausbaustufe wird der Erzhafen auf −10,0 m SKN ausgebaggert. Für den Endzustand ist der Ausbau auf −11,0 m SKN geplant.

Auf der Ostseite des vorhandenen Bahnhofes Kaiserhafen sind die Erzlagerflächen und die Verkehrsanlagen vorgesehen. Die Verbindung zwischen der Löschkaje und den Erzlagerflächen wird durch Förderbänder hergestellt, die über den Bahnhof Kaiserhafen hinwegführen.

Für die Ausbildung der Binnenschiffsbeladeanlage liegen der genaue Umfang sowie die erforderlichen Einzelbauwerke noch nicht fest. Die Beladeanlage ist im erweiterten Erzhafen vorgesehen; hier können die für Binnenschiffsverkehr erforderlichen Liege- und Warteplätze hergerichtet werden.

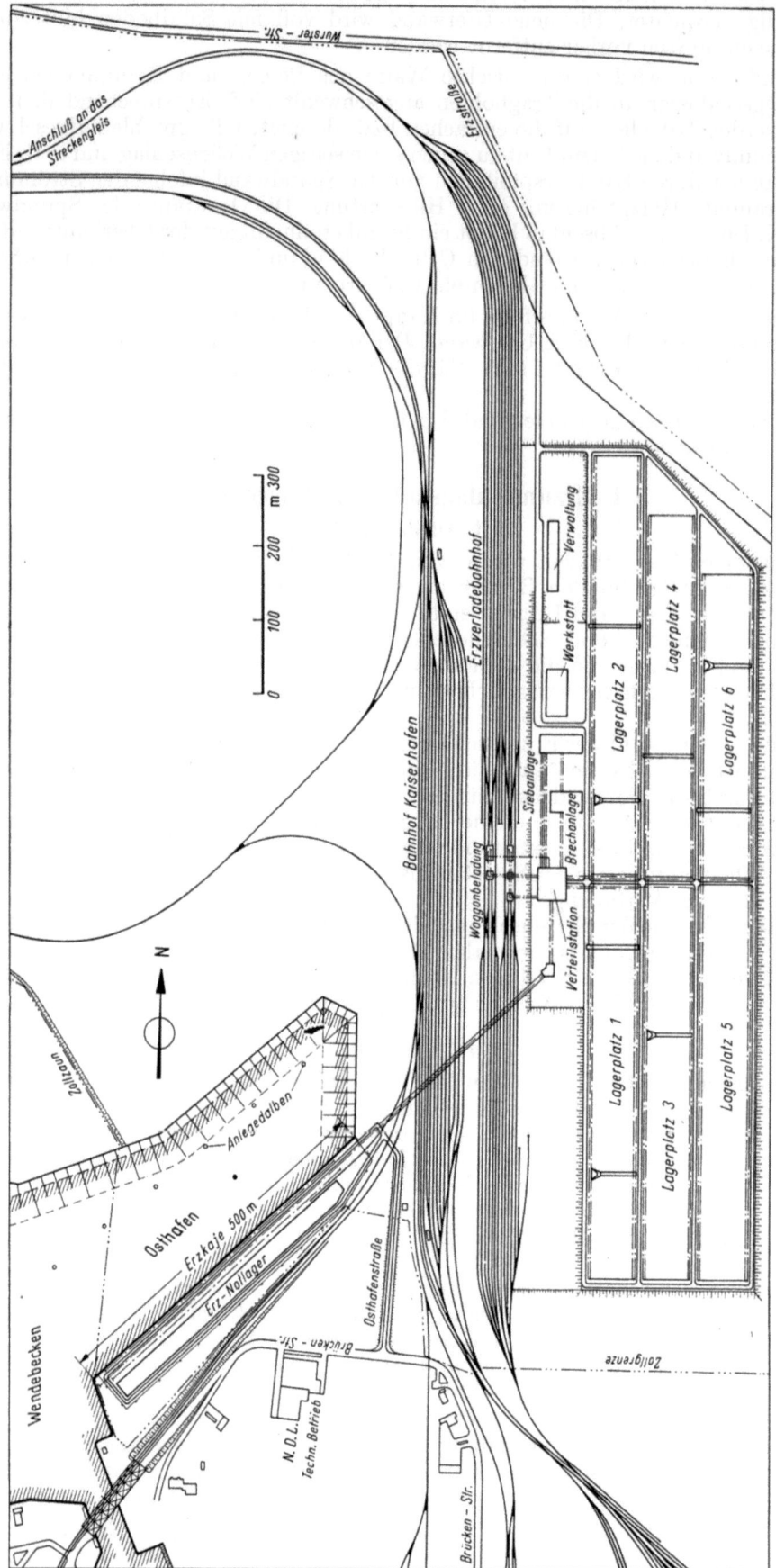

Abb. 12. Übersichtsplan der Erzumschlagsanlage.
Im 1. Ausbau werden u. a. hergestellt: der Osthafen, die Erzkaje L = 330 m, der Erzlagerplatz 1, die Anlegedalben, Gleisanlagen, Zufahrtsstraßen.

Die Zufahrt zum Osthafen erfolgt von der Brückenstraße und die Zufahrt zum Erzlager von der Wurster Straße aus.

4.3 Erzkaje

Die Erzkaje (Abb. 13) wird insgesamt 500 m lang. Im ersten Ausbau werden 330 m hergestellt. Der Ausbau beginnt am Ende der Kaje, hierdurch können die Transportbandanlagen in Richtung Erzlager sofort endgültig hergerichtet werden. Die nutzbare Länge der Kaje von zunächst rd. 270 m reicht für ein Großschiff bzw. für mehrere Kleinschiffe aus.

Die neue Ufermauer hat einen Geländesprung von Oberkante Kaje auf +2,93 m NN bis zur Hafensohle auf −13,07 m NN zu sichern.

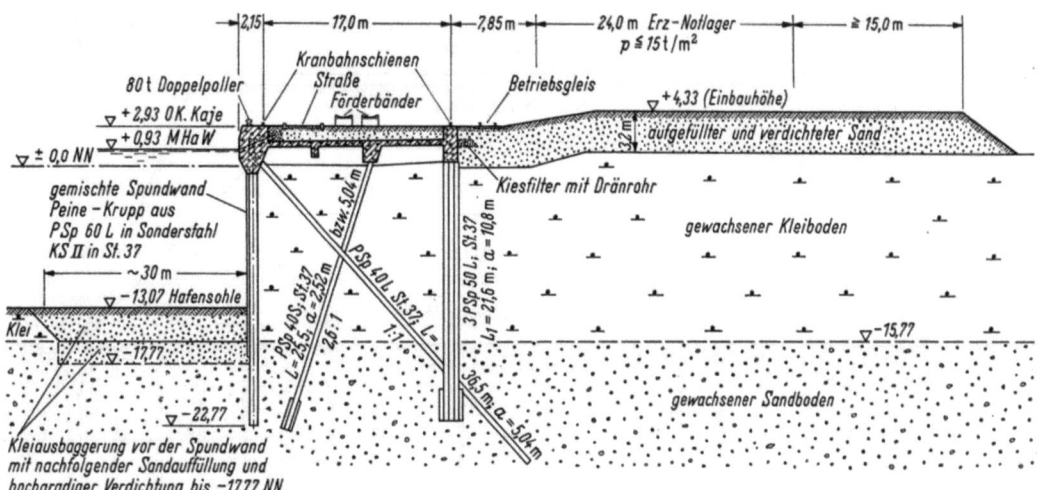

Abb. 13. Erzkaje, Querschnitt.

Auf der Kaje werden zwei Uferentlader mit je 20 t Tragkraft aufgestellt. Für den Endausbau sind 4 weitere Löschgeräte mit je 25 t Tragkraft vorgesehen. Außerdem werden auf der Kaje in Längsrichtung zunächst ein und später zwei Transportbänder mit Umlenk- und Spannstation eingebaut. Hinter der landseitigen Kranbahnschiene wird ein Betriebsgleis angeordnet. Daran schließt sich ein Erzlagerplatz von 24 m Breite an, der als Notlagerplatz bei Ausfall der Förderbandanlage beschickt werden soll. Die maximale Belastung des Notlagerplatzes beträgt 15 t/m².

Die vorhandenen Bodenverhältnisse erfordern eine überbaute Ufermauer mit Schrägpfahlverankerungen. Gegenüber normalen Umschlagskajen wirkten sich bei den vorliegenden Verhältnissen die großen Kranbahnbelastungen und die Einflüsse aus dem Notlager ungünstig aus. Infolge der Dicke der vorhandenen Kleischichten belastet das Notlager auch noch die Spundwand. Diese Druckausstrahlung muß besonders bei der Ausbildung der Lot- und Schrägpfähle beachtet werden. Hierfür werden auf Grund ihres elastischen Verhaltens Stahlpfähle gewählt.

Der tragfähige Sandboden steht im Bereich der Erzkaje etwa 2,70 m unterhalb der endgültigen Hafensohle an. Die wirtschaftlichste Lösung für die Ufermauer ergibt sich, wenn der gewachsene Kleiboden zwischen der Hafensohle und der Oberkante des Sandes abgebaggert und durch Sand ersetzt wird. Der eingefüllte und der gewachsene Sand wird bis auf eine Tiefe von 4,7 m unter Hafensohle hochgradig verdichtet.

4.4 Verkehrsflächen

Die Verkehrsflächen sind für Bahnhofs- und Gleisanlagen erforderlich. Auf den bis zur Geländeoberkante anstehenden Kleiboden wurde hierfür auf Forderung der Deutschen Bundesbahn eine Sandschicht in einer Mindestdicke von 0,8 m aufgespült.

4.5 Erzlagerflächen

Die Erzlagerflächen müssen für eine Endbelastung von 30 t/m² hergerichtet werden. Die Belastbarkeit soll zunächst 15 t/m² betragen und dann möglichst schnell auf eine Maximal-Belastung von 30 t/m² gesteigert werden können. Von insgesamt sechs Lagerplätzen mit rd. 200 000 m² wird im ersten Bauabschnitt der erste Lagerplatz mit etwa 35 000 m² vorbereitet.

Die zu erwartenden Setzungen sind für die Erzlager ohne große Bedeutung. Jedoch muß die Grundbruchsicherheit für die jeweils zugelassene Belastung garantiert werden. Für die Erzbelastung von 15 t/m² reicht bei den hier vorliegenden Bodenverhältnissen eine druckverteilende Sandschicht von 3,20 m Dicke aus (Abb. 14). Um die Belastung jedoch nach gewissen Zeitabständen erhöhen zu können, sind zusätzliche Maßnahmen erforderlich, die die Konsolidierung der bindigen Bodenschichten beschleunigen. Es wurde daher eine vertikale Sanddränage eingebaut, bei der der Abstand der einzelnen Dräns auf 3,50 m nach beiden Richtungen hin festgelegt wurde. Die rd. 21 m tiefen, im Spülverfahren hergestellten Bohrlöcher sind mit dem aufgespülten Sand verfüllt worden. Schon unter der Last der druckverteilenden Sandschicht betragen die Setzungen ein Jahr nach Herstellung der Dräns bis 1,0 m.

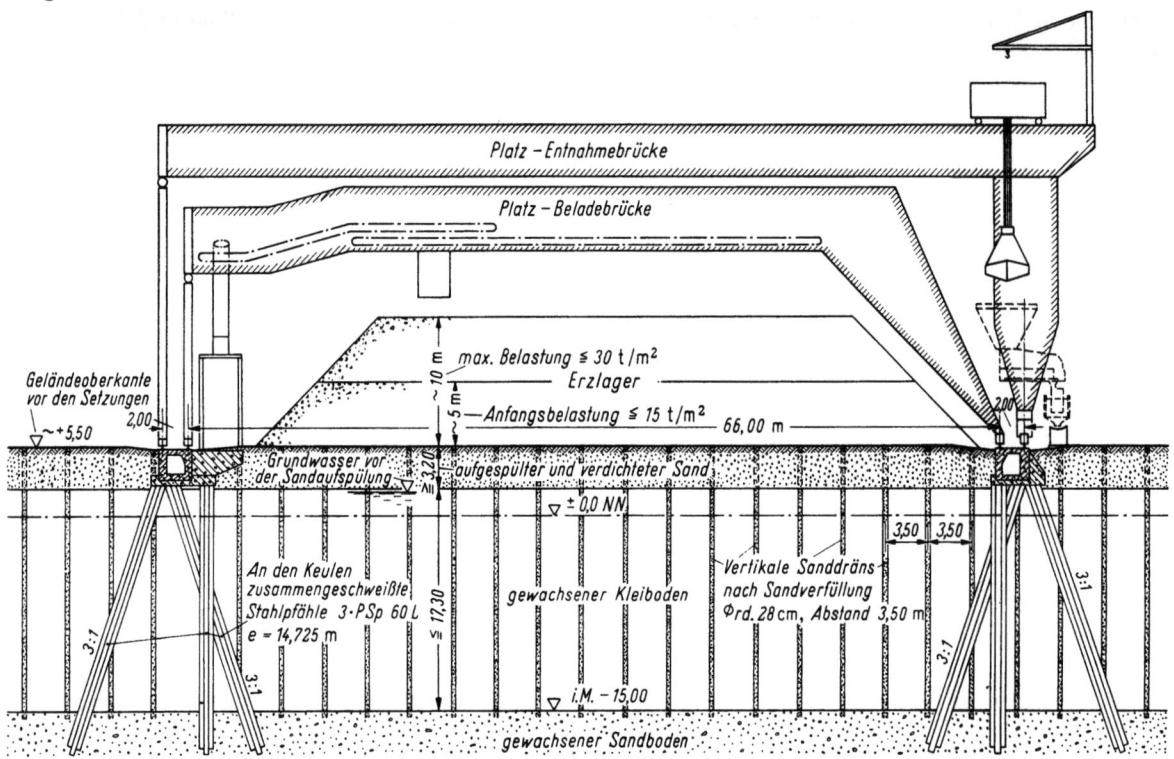

Abb. 14. Erzlagerplatz 1. Querschnitt mit Darstellung der druckverteilenden Sandschicht und der Vertikaldränagen sowie der von der Weserport Umschlagsgesellschaft m.b.H. gebauten Kranbahnbalken, Platzbrücken und Förderbandanlagen.

IV. Die Massengutumschlagsanlage „Weserport"

Von **Bernhard Brand**, Geschäftsführer der
Weserport-Umschlagsgesellschaft m.b.H., Bremerhaven

Der Erzhafen Weserport ist am 23. 10. 64 in der ersten Baustufe in Betrieb genommen, denen weitere folgen. Das Projekt ist ein Gemeinschaftswerk der Klöckner-Werke AG, Duisburg und der Stadtgemeinde Bremen im Nordteil des Überseehafengebietes Bremerhaven. Die Umschlagsanlage wird als öffentliche Anlage durch die Weserport Umschlagsgesellschaft m.b.H. betrieben. Es werden in der Hauptsache Erz, aber auch andere Massengüter für Bergbau- und Hüttenunternehmungen umgeschlagen. Im Rahmen dieser Aufgabenstellung werden die drei Klöckner-Hüttenwerke in Bremen, Osnabrück und Hagen-Haspe und andere Hüttenwerke von Bremerhaven aus mit Erz versorgt.

Nachdem die hafenbautechnischen Maßnahmen Bremens für den Erstausbau im Jahre 1963 praktisch abgeschlossen wurden, wurde im Auftrag von Klöckner die Montage der eigentlichen Umschlagseinrichtungen durchgeführt. Auf der Erzkaje am neu geschaffenen Erzhafen-Becken erheben sich die Stahlkonstruktionen der beiden ersten Schiffsentlader. Die Bezeichnung „Schiffsentlader" bringt zum Ausdruck, daß es sich um reine Löschgeräte handelt. Sie arbeiten nach einem neuartigen Lenkersystem, das in diesen Ausmaßen eine Neukonstruktion darstellt. Mit 20 t Tragkraft sind sie für die Löschung großer und selbsttrimmender Massengutfrachter gedacht. Sie können aus modernen Erzfrachtern maximal je 2000 t in der Stunde löschen, d.h., daß beide Schiffsentlader zusammen für einen jährlichen Umschlag von 4 bis 5 Mill. t ausgelegt sind. Im Endausbau sollen mit sechs Schiffsentladern 12 Mill. Jahrestonnen bewältigt werden.

Die Löschung des Erzes und andere Montangüter ex Seeschiff auf Lager oder Waggon wird durch Bandanlagen bewerkstelligt, die das Erz mit einer Förderleistung von 2500 t/h zur Verteilerstation führen. Diese besorgt die Umsteuerung des Erzstromes zu verschiedenen Betriebspunkten, und zwar:

Ex Seeschiff auf Eisenbahnwagen,
ex Seeschiff auf Lager,
ex Lager auf Eisenbahnwagen.

Zunächst liegt das Hauptgewicht des Abtransportes zum Binnenland auf der Schiene. Es ist aber auch eine Binnenschiffsbeladestation vorgesehen und einbaumäßig berücksichtigt.

Das Lagerareal von Weserport umfaßt insgesamt 200000 qm. Hiervon ist der erste Lagerplatz mit 35000 m² für 500000 bis 600000 t Erz hergerichtet, während weitere fünf Lagerplätze bereits durch Aufsandung vorbereitet sind. Die weiträumigen Lagerflächen sollen im Endausbau der Zwischenlagerung von 5 Millionen t Erz dienen, das für die Klöckner-Werke und die anderen Empfänger auf Abruf vorgehalten wird. Durch den starken Aufschwung der überseeischen Erzeinfuhren in großen Schiffsgefäßen werden heute die Erze in Ladungen bis zu 45000 t und mehr angefahren. Die meisten deutschen Hüttenwerke sind wegen ihrer beengten Platzverhältnisse gar nicht in der Lage, dauernd so große Mengen aufzufangen. Die zahlreichen Sorten werden vom Hochofen als Gemisch, d. h. in Teildosierungen gebraucht, so daß es wegen der wechselnden Ankünfte der Seeschiffe und der unterschiedlichen Entfernungen vom Seehafen zu den Hütten praktisch ausgeschlossen ist, den Verbrauch mit dem zeitlichen Ablauf der Transporte zu koordinieren. Für die meisten Hüttenwerke sind daher Vorratslager im Seehafen zur Vermeidung kostenverursachender Aufstauungen an Transportgefäßen beim Empfänger unabdingbar.

Der Transport des Erzes auf den ersten, voll ausgebauten Lagerplatz erfolgt über ein hochgelegtes Förderband, von dem aus der Erzstrom mittels eines Bandschleifenwagens in die Platzbeladebrücke gelangt. Diese fördert das Erz auf das für eine bestimmte Sorte vorgesehene Planquadrat. Die Platzbeladebrücke hat eine Höhe von 16 m und eine Spannweite von 66 m. Sie kann stündlich 2500 t Erz bewältigen (vgl. Abb. 14).

Die Ablagerung erfolgt durch eine Platzentnahmebrücke, die 1000 t/h aufnimmt. Ihr Greifer fördert das Erz in einen Bunker, von dem es auf ein niederes, parallel zum Lager laufendes Band abgegeben wird. Die Brücke überspannt die Platzbeladebrücke. Sie hat deshalb eine Höhe von 23 m und eine Spannweite von 70 m. Beide Brücken sind so angeordnet, daß sie übereinander fahren und unabhängig voneinander das Lager beschicken, bzw. vom Lager aufnehmen können.

Die Verladung der einzelnen Erzsorten geschieht in der Waggonbeladestation des neuen Erzbahnhofes, der voll elektrifiziert wird. Die Deutsche Bundesbahn setzt geschlossene Spezialwagenzüge ein, die das Erz unmittelbar in die Hochofenbunker entleeren. Die Waggonbeladestation ermöglicht mittels elektronischer Einrichtungen eine Beladung und Abfertigung der Züge bis zu 16000 t pro Tag im Erstausbau und später bis zu 40000 t. Der regelmäßige Einsatz von ganzen Zugeinheiten bewirkt die notwendige Rationierung des Zulaufs beim Empfänger.

Die Gewichtsfeststellung erfolgt mittels automatischer Behälterwaagen, die über dem einzelnen Waggon in der Verladestation eingehängt sind. Auf diese Weise wird das Nettogewicht gemessen.

Datenverarbeitende Anlagen liefern die für die Abfertigung erforderlichen Frachtpapiere.

V. Kran- und Förderanlagen und elektrische Ausrüstung im Überseehafen und Fischereihafen

Von Oberbaurat Dipl.-Ing. Otto Gravert

1. Krananlagen

Nachdem in den ersten Jahren nach der Währungsreform im Überseehafen 10 vorhandene Drehkrane mit festem Ausleger in Wippkrane umgebaut waren, um ihre Leistungsfähigkeit zu erhöhen[1], wurden 1956 die Ausleger von 14 Drehkranen verlängert und ihre Hakenhöhe vergrößert. Dies war dringend erforderlich, da die Abmessungen der Krane für die größeren Schiffe nicht mehr ausreichten und andererseits sich ein Umbau in Wippkrane bei diesen 1909 erbauten Kranen nicht mehr lohnte.

Im Jahre 1954/55 konnten erstmalig 10 neue 3 t-Stückgutkrane für Kajeschuppen beschafft werden[2], wobei eine möglichst große Übereinstimmung mit den für den Hafen Bremen geeigneten Wippkranen herbeigeführt wurde, um die Krane im Bedarfsfalle von dem einen in den anderen

---
[1] Siehe Jahrb. HTG. 20/21 (1950/51) S. 217.
[2] Hansa 1955, H. 37/38, S. 1643.

Hafen umsetzen zu können. So wurde z. B. Vorsorge getroffen, daß die Spurweite der Halbportale leicht abgeändert werden kann und daß die elektrische Ausrüstung in allen wesentlichen Teilen die gleiche ist.

Die Krane erhielten 20 m Ausladung bei 22 m Hakenhöhe über Schienenoberkante auf der Kaimauer bzw. 25 m über dem Wasserstand der abgeschleusten Häfen. Sie sind als Säulendrehkrane in Blechbauweise erstellt. Die Hubgeschwindigkeit beträgt 60 min/m bei 2 t und 40 m/min bei 3 t Tragkraft.

In den gleichen Jahren wurden auf der Columbuskaje 4 Vollportalwippkrane in Säulenbauart von 4 t Tragkraft bei 32 m Ausladung bzw. 8 t bei 16 m aufgestellt[1].

Die große Ausladung ist erforderlich, da die wasserseitige Kranschiene 5,80 m von Vorderkante Kaje zurückliegt, vor der Mauer noch Buschfender bis zu 3 m Durchmesser hängen und das größte hier anlegende Fahrgastschiff, die „United States", deren mitschiffs angeordnete Ladeluken noch bequem erreicht werden müssen, eine Breite von 31 m hat. Diese große Ausladung hat sich auch

Abb. 15. 3-t-Stückgutkrane am Schuppen B. (Foto Krupp-Ardelt Wilhelmshaven)

als besonders vorteilhaft beim Löschen von sogenannten offenen Schiffen gezeigt. Bei diesen Schiffen ist die Abdeckung der beiden in Schiffsmitte liegenden größten Luken in 3 Teile aufgelöst, die sich über den größten Teil der Schiffsbreite erstrecken. Diese Bauart ermöglicht ein rasches Beladen und Löschen der Schiffe, da sie die Arbeit der Stauer unter Deck erheblich verringert, zumal wenn die Landkrane bis an den äußeren Rand der Luke reichen. Dieser ist z. B. bei einem 23 m breiten Schiff etwa 22 m von der der Kaje zugewandten Bordwand entfernt, so daß die Kranausladung entsprechend gewählt werden muß, um die Vorzüge der „offenen Schiffe" voll ausnutzen zu können.

Bei diesen 4/8-t-Kranen mit großer Ausladung sind die gleichen Hubmotore wie für die 3-t-Krane und auch, soweit möglich, die gleiche elektrische Ausrüstung gewählt worden, um die Ersatzteilhaltung zu beschränken. Das Hubwerk hat ein Umschaltgetriebe für eine Hubgeschwindigkeit von 54 m/min bei 2,5 t Last, die z. B. beim Löschen von Gepäck und Postsäcken benutzt wird, von 36 m/min bei 4 t und von 18 m/min bei 8 t Last erhalten.

---
[1] Hansa 1955, H. 37/38, S. 1645.

In den Jahren 1959/60 wurde die Schuppengruppe F/G mit 8 weiteren 3-t-Kranen der Bauart 1954/55 ausgerüstet, bei denen jedoch auf das Umschaltgetriebe im Hubwerk verzichtet wurde. Bei 20% Einschaltdauer des 25-kW-Motors wird bei 3 t Last noch eine Hubgeschwindigkeit von 45 m/min erreicht. Diese ist ausreichend, da eine größere Hubgeschwindigkeit selten ausgenutzt werden kann.

Ferner erhielt die Schuppengruppe A/B/C 12 Wippkrane ähnlicher Bauart, jedoch wurde hier ein Gitterausleger mit 21 m Ausladung gewählt, da geplant ist, später vor der jetzigen Kaje zur Vergrößerung der Wassertiefe eine Spundwand zu rammen[1]. Da die Tragfähigkeit des Kranbalkens für die landseitige Halbportalstütze an den Schuppen A/B/C für einen Dreibeinkran mit nur einem Laufrad am Spornende nicht ausreichte, wurde das Spornende zur Lastverteilung mit einem als Pendelstütze ausgebildeten Schemelwagen mit zwei in einem Abstand von 3,50 m angeordneten Laufrädern versehen. Der Vorteil des Dreibein-Halbportalkranes, die geringe Überschattung der Kranarbeitsfläche durch den nur 0,8 m breiten Sporn, ist also erhalten geblieben.

Von diesen 3-t-Wippkranen haben 8 Krane ein außen an die Drehsäule angebautes Hub- und Drehwerk und ein Zahnstangeneinziehwerk. Bei 4 Kranen (s. Abb. 15) ist das Einziehwerk als Spindeleinziehwerk ausgebildet, und Hub- und Drehwerk sind in einem um die Säule herumgebauten Maschinenhaus untergebracht. Große Klappen und Türen ermöglichen den Ein- und Ausbau der Blockgetriebe.

Die Columbuskaje wurde in den Jahren 1960/63 mit 5 weiteren Wippkranen von 4/8-t-Tragkraft gleicher Bauart wie die dort 1954/55 aufgestellten Krane ausgestattet, so daß an dieser rd. 900 m langen Kaje jetzt insgesamt 12 Krane für die Abfertigung von Fahrgast- und Frachtschiffen zur Verfügung stehen.

Die Bremen gehörenden und an den Werftbetrieb des Norddeutschen Lloyd verpachteten beiden Kaiserdocks von 335 m und 226 m Länge sind 1954 und 1958 mit je einem Doppellenker-Vollportalwippkran ausgerüstet[2]. Die Tragkraft des Hubwerks beträgt 30 t, die des Hilfshubs 5 t. Außerdem wurden dort vom NDL zwei 3/6-t-Wippkrane älterer Bauart, die früher an anderer Stelle im Hafen eingesetzt waren, aufgestellt, um die Kranausstattung den Anforderungen, die heute an leistungsfähige Reparaturdocks gestellt werden, anzupassen.

2. Flurfördergeräte

Die Ausrüstung der Kajeschuppen mit Flurfördergeräten, die nach der Währungsreform erst zögernd einsetzte, ist in den letzten Jahren sehr verstärkt worden. Nachdem zunächst einige Elektro-Gabelstapler beschafft worden waren, sind die weiteren Stapler ausschließlich mit Dieselmotorantrieb versehen. Da vielfach Container und umfangreiche Kisten mit Haushaltsgut, deren Schwerpunkt also weit von der Hinterkante der Gabeln entfernt liegt, umgeschlagen werden, ist die Anzahl der Stapler größerer Tragkraft im Vergleich mit anderen Häfen sehr hoch. Insgesamt sind jetzt 10 Gabelstapler mit 2 t und 11 Stapler mit 3,5 t Tragkraft eingesetzt. Alle Dieselgabelstapler sind mit Abgaswaschanlagen ausgerüstet, so daß Belästigungen durch Abgase nicht eingetreten sind.

Für das Ziehen und Schieben von Plattformwagen sind 44 Elektro-Dreiradschlepper vorhanden. Diese Schlepper sind mit einer 210-Ah-Röhrenplattenbatterie und einer gefederten Hakenkupplung ausgerüstet, die vom Fahrersitz ausgelöst werden kann. Die in großer Zahl vorhandenen niedrigen Plattformwagen sind mit entsprechenden Ösen auf der einen und Haken auf der anderen Stirnseite versehen, so daß sie leicht zusammengekuppelt werden können.

Zum sogenannten Feinrangieren, d. h. zum Verschieben von Eisenbahnwagen vor den Ladestellen, sind 6 Einachsschlepper mit je zwei 150-Ah-Batterien und 2 Einachsschlepper mit VW-Motoren eingesetzt.

3. Landesteg und Gepäckförderanlagen für die Fahrgastanlage II

Für den Erweiterungsbau der Fahrgasteinrichtungen auf der Columbuskaje ist ein weiterer, 3. Landesteg erstellt worden (s. Abb. 16). Die vorhandenen 2 Landestege dienen zur Verbindung des Schiffes mit der im 1. Stock liegenden sogenannten Zollrampe, auf der an der Fahrgastanlage I auf dem Südende der Columbuskaje nicht nur das Gepäck gelandet wird, sondern auch die Fahrgäste betreten über diese Rampe bei der Ankunft die dahinterliegende Zollhalle und bei der Ausreise das Schiff.

Bei der Fahrgastanlage II ist eine Überschneidung des Gepäck- und Personenverkehrs vermieden. Die Fahrgäste betreten und verlassen das Schiff über den Passagiergang im 2. Stockwerk der Anlage und kommen mit dem Gepäck, das wie bei der Anlage I über die Zollrampe im 1. Stock

---
[1] Hansa 1960, H. 23/24, S. 1177.
[2] Hansa 1955, H. 37/38, S. 1647 und Hansa 1960, H. 23/24, S. 1178.

abgefertigt wird, nicht in Berührung. Der Landesteg für die neue Anlage ist daher entsprechend ausgebildet worden. Außerdem sollte dieser Steg nicht nur wie die zuerst gebauten 2 Landestege teleskopartig ausziehbar sein, um sich der verschiedenen Lage des Schiffes am Kai und den Höhenlagen der Pforten im Schiff anpassen zu können, sondern durch das Portal des Landestegs sollte auch der Verkehr auf der Kaje nicht behindert werden. Deshalb wurde der eigentliche Steg in Leichtbauweise konstruiert und derartig in einem über die ganze Länge der Fahrgastanlage verfahrbaren Halbportal an Seilen aufgehängt, daß er aufgetoppt werden kann, wenn die auf der Kaje stehenden Krane vorbeifahren müssen. Aus Festigkeitsgründen hat der aus drei Teilen (*I, II, III*) bestehende Steg einen Rohrquerschnitt erhalten. Der landseitige, rd. 23 m lange Teil (*III*) ist auf einem Wagen in einem Zapfen drehbar gelagert, so daß der Steg zum Auftoppen und zum Vorbeifahren am Mittelbau des neuen Bauwerkes, das 4,50 m gegenüber der Abfertigungshalle vorspringt, um 6,15 m vorgezogen werden kann. Der vordere Teil (*I* und *II*) des Steges kann um 12,50 m aus dem landseitigen Stegteil herausgezogen werden. Durch diese Ausbildung kann der Steg den Bewegungen des Schiffes bei steigendem und fallendem Wasser und infolge von Wind und Strömungen folgen.

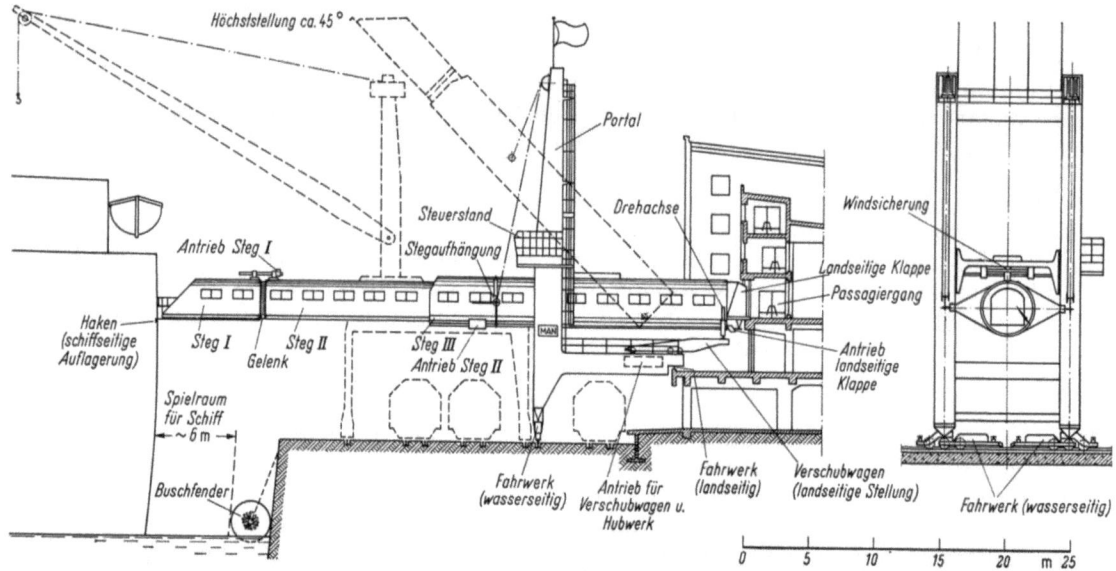

Abb. 16. Der fahrbare Landesteg der Fahrgastanlage II verbindet das Promenadendeck der Schiffe mit dem Passagiergang vor der Wartehalle des Abfertigungsgebäudes. (MAN, Werk Gustavsburg).

Die größte Neigung des Steges gegenüber der Waagerechten beträgt bei den bekannten Schiffsgrößen 9° nach oben oder unten. Eine größere Neigung des Steges nach unten ist nicht möglich, da das Lichtraumprofil für das darunterliegende Gleis freibleiben muß. Um jedoch auch Schiffe mit tiefer liegenden Pforten bedienen zu können, ist das äußerste Ende des Steges (*I*) mit einem Gelenk versehen worden, so daß es durch einen besonderen Antrieb nach unten abgeknickt werden kann. Für diesen Fall ist das vordere Stegende (*I*) mit einstellbaren Stufen versehen. Die Breite des Steges zwischen den Geländern beträgt 1,65 m. Im ausgezogenen Zustand ragt die wasserseitige Spitze des Steges bis zu etwa 9 m über die Vorderkante der Kaje hinaus, so daß das Schiff bei einer Stärke der vor der Kaje hängenden Fender von 3 m bei ablandigem Wind und Eisgang noch reichlich 6 m von der Kaje abtreiben kann. Im Katastrophenfall, wenn das Schiff noch weiter von der Kaje abtreibt, löst sich der vordere, auf der Schiffspforte aufliegende Haken des vorderen Stegendes selbsttätig aus, und der Steg hängt sich in den Seilen der Hubvorrichtung auf.

Um den Auflagerdruck auf die Schiffspforten zu verringern, laufen im Innern der wasserseitigen Portalstütze Gegengewichte, die das Eigengewicht des Steges zum Teil ausbalancieren.

Zur Aufnahme der Windkräfte auf das eingezogene Rohr des Landesteges, wenn der Steg nicht auf dem Schiff aufliegt, ist eine Windsicherung vorhanden, die mittels Spindeln den Steg in seiner Mittellage festhält.

Das Fahrwerk für das Halbportal ist am wasserseitigen Portalfuß untergebracht. Zwei Motoren treiben die sechs Laufräder an. Der Bedienungsmann hat seinen Standort in einem Steuerhaus an der wasserseitigen Portalstütze erhalten, von dem aus er alle Bewegungen beobachten kann. Außerdem ist er mit dem Einweiser, der beim An- und Ablegen des Steges auf der Spitze des Steges (*I*) seinen Platz hat, durch einen Fernsprecher verbunden.

Das große Gepäck der Fahrgäste und ihre Kraftwagen sowie die Postsäcke werden von den Stückgutkranen gelöscht und auf der Zollrampe im 1. Stock des Abfertigungsgebäudes oder auf der Kaje abgesetzt.

Das Handgepäck wird von der Besatzung bereits vor der Ankunft des Schiffes auf dem Promenadendeck gestapelt und mittels 2 oder 3 Förderbandstraßen, die gegen Regen durch Persennige geschützt sind, auf die Zollrampe befördert. Die Anordnung der Förderbänder ist aus der Abb. 17 ersichtlich. Da die Lage des Schiffes an der Kaje und seiner Pforten genau bekannt ist, werden das mittlere, waagerechte Förderband und das landseitige, zur Rampe führende Förderband bereits vor Ankunft des Schiffes aufgebaut. Sofort nach dem Festmachen des Schiffes wird das schiffsseitige

Abb. 17. Gepäckförderbänder, Stückgutkran und fahrbarer Landesteg an dem vor der Fahrgastanlage II liegenden T. S. „Bremen" (Foto Brockmöller, Bremen).

Förderband mit einem der Landkrane in die Schiffspforte ein- und auf das waagerechte Förderband aufgelegt, so daß es sich der wechselnden Entfernung zwischen Schiff und Kaje anpassen kann. Die Gummigurte von 800 mm Breite sind gerieffelt. Das schiffsseitige Förderband hat außerdem Mitnehmerstollen erhalten, die ein Gleiten auch von sehr glatten Gepäckstücken verhindern, wenn die Neigung bei hohem Wasserstand über 30° beträgt.

Mit diesen 3 Förderbandstraßen werden 3300 Stück Handgepäck innerhalb von 60 Minuten gelöscht, von der Zollrampe mit Gepäckkarren und Elektroschleppern in die Abfertigungshalle befördert und dort, nach den Buchstaben der Reisenden geordnet, aufgestellt.

4. Elektrische Ausrüstung

Der im Überseehafen benötigte elektrische Strom wird von den Stadtwerken Bremerhaven bezogen, die an zwei Stellen 20 kV Drehstrom in das Hafengebiet einspeisen. Von hier wird der Strom mit 20 kV Spannung an die Erzumschlagsanlage und mit 6 kV an das übrige hafeneigene Netz abgegeben. Die Verteilung des Stromes wird in einem der Schalthäuser, in der auch die Fernsprechzentrale der Hafenverwaltung untergebracht ist, überwacht und ferngesteuert.

Das Hochspannungs- und das Drehstrom-Niederspannungsnetz ist in den letzten Jahren erheblich ausgebaut worden. Die Abgabe von Gleichstrom beschränkt sich auf 3 Schuppen, auf die Nordschleuse und 2 Klappbrücken, an denen örtlich Selengleichrichter, in Gruppen zusammengefaßt, die Versorgung der restlichen Gleichstromkrane usw. aufrechterhalten.

Der Stromverbrauch ist von 5 Millionen kWh 1952 auf 10,7 Millionen kWh 1963 angestiegen bei einem Anwachsen der beanspruchten Höchstleistung von 1600 kW auf 2800 kW.

Den Strom für das Fischereihafengebiet liefert das Überlandwerk Nordhannover. Die frühere Einspeisung mit 6 kV ist auf 20 kV umgestellt worden. Hierzu wurde ein 12-MVA-Transformator 20/6 kV am Einspeisepunkt Hoebelstraße aufgestellt. Die mit 60/6 kV betriebene zweite Einspeisung besteht weiterhin. Der Strombedarf ist durch das Vordringen der Kältetechnik in der Fischwirtschaft stark angestiegen, so daß neue Transformatorenstationen erbaut und Netzverstärkungen vorgenommen werden mußten.

Die Stromabnahme im Fischereihafen ist von 22 Millionen kWh im Jahre 1952 auf etwa 33 Millionen kWh im Jahre 1963 gestiegen, während die beanspruchte Höchstleistung 1952 5200 kW und 1963 7100 kW betrug. Durch besondere Tarifmaßnahmen ist es gelungen, die Verrechnungshöchstleistung gegenüber der tatsächlichen Leistung zugunsten der Abnehmer zu senken.

Schrifttum

[1] Otto, W., u. W. Schnelle: Der Columbusbahnhof in Bremerhaven. Hansa 1951, Nr. 37/38.
[2] Wollin, G.: Die Hafenanlagen in Bremerhaven zu Beginn des Jahres 1954. Hansa 1954, Nr. 21/22.
[3] Schnelle, W.: Die Modernisierung der Kaiserschleuse im Überseehafen Bremerhaven und die Verstärkung der Vorhafenkajen. Hansa 1955, Nr. 17/18.
[4] Schnelle, W.: Der Wiederaufbau der Stückgutschuppen F und G im Überseehafen Bremerhaven. Hansa 1955, Nr. 17/18.
[5] Gravert, O.: Erneuerung der Antriebe der Kaiserschleuse in Bremerhaven. Hansa 1955, Nr. 24/25.
[6] Gravert, O.: Neue Krane in Bremerhaven. Hansa 1955, Nr. 37/38.
[7] Eckert, H.: Neubau einer Spundwandkaimauer im Fischereihafen Bremerhaven. Hansa 1958, Nr. 1/3.
[8] Schnelle, W., u. F. Debelts: Die Verstärkung der östlichen Vorhafenkaje an der Kaiserschleuse im Überseehafen Bremerhaven. Hansa 1958, Nr. 16/17.
[9] Wollin, G.: Bremerhaven und die Eeser, Hansa 1959, Nr. 25/26.
[10] Gravert, O.: Kranbauten in Bremerhaven, Hansa 1960. Nr. 23/24.
[11] Wollin, G.: Neue Kühl- und Tiefkühlanlagen im Fischereihafen Bremerhaven. Hansa 1961, Nr. 20.
[12] Schnelle, W.: Neuere Hochbauten im Überseehafen Bremerhaven. Jahrb. HTG 22. Bd. 1952/54, S. 223.
[13] Eckert, H.: Die bauliche Entwicklung des Bremerhavener Fischereihafens. Allgemeine Fischwirtschaftszeitung (AFZ) 1962, Nr. 47.
[14] Wollin, G.: Die neue Fahrgastanlage II auf der Columbuskaje in Bremerhven. Schiff und Hafen Januar 1963, H. 1, S. 45
Fahrgastanlage II — Columbuskaje Bremerhaven. (Bildbericht). Baumeister 1964, H. 1.

If you have any concerns about our products,
you can contact us on
ProductSafety@springernature.com

In case Publisher is established outside the EU,
the EU authorized representative is:
**Springer Nature Customer Service Center GmbH
Europaplatz 3, 69115 Heidelberg, Germany**

Printed by Libri Plureos GmbH
in Hamburg, Germany